ÉLÉMENTS

DE

GÉOMÉTRIE DESCRIPTIVE

Paris. — Imprimerie de GOSSET et C°, rue Racine, 26.

ÉLÉMENTS

DE

GÉOMÉTRIE DESCRIPTIVE

LIGNE DROITE ET PLAN

RÉDIGÉS CONFORMÉMENT AU PROGRAMME OFFICIEL

PAR

J. DUFAILLY

PROFESSEUR AU COLLÈGE STANISLAS

TEXTE

PARIS

Ch. DELAGRAVE ET Cᵉ, LIBRAIRES-ÉDITEURS

Rue des Écoles, 78

1869

AVERTISSEMENT.

La première partie de ces éléments est le développement du programme officiel de la classe de Mathématiques élémentaires ; elle renferme, en y joignant l'appendice relatif à la méthode des plans cotés, les connaissances exigées des candidats au Baccalauréat ès Sciences.

La seconde partie est spécialement destinée aux candidats aux Écoles de Saint-Cyr, Navale et Forestière ; elle contient l'exposé des méthodes de changements de plans de projection et de mouvements de rotation, ainsi qu'une série de problèmes sur les angles des droites et plans, les angles trièdres et la sphère.

GÉOMÉTRIE DESCRIPTIVE

(LIGNE DROITE ET PLAN)

PREMIÈRE PARTIE.

NOTIONS PRÉLIMINAIRES.

1. La géométrie descriptive a pour but de résoudre les questions qui embrassent les trois dimensions de l'étendue à l'aide de constructions effectuées sur un seul plan.

2. On atteint ce but en employant la méthode des projections. Cette méthode consiste essentiellement à substituer à la considération directe des figures de l'espace, celle de leurs projections sur deux plans qui se coupent et que l'on suppose ensuite rabattus l'un sur l'autre.

3. Les deux plans que l'on choisit pour y projeter les figures de l'espace sont perpendiculaires l'un sur l'autre : on les nomme *plans de projection*. L'un est horizontal et porte le nom de *plan horizontal*, l'autre s'appelle le *plan vertical*. Leur intersection est dite *la ligne de terre.*

Les plans de projection sont supposés indéfinis ; ils forment entre eux quatre dièdres qui embrassent tout l'espace. L'un de ces dièdres, celui dans lequel l'observateur est supposé placé est le *dièdre antérieur supérieur* ou 1er *dièdre* ; de l'autre côté du plan vertical on rencontre le *dièdre postérieur supérieur* ou 2e *dièdre,* et au-dessous le *dièdre postérieur inférieur* ou 3ᵉ *dièdre*; enfin en avant et au-dessous du 1ᵉʳ *dièdre* est placé le *dièdre antérieur inférieur* ou 4ᵉ *dièdre* (*fig.* 1).

4. Si l'on imagine que le plan vertical tourne autour de la ligne de terre pour se rabattre sur le plan horizontal dans le sens indiqué par les flèches, la figure obtenue après le rabattement porte le nom d'*épure*. C'est sur cette figure, qui ne comprend plus que deux dimensions, longueur et largeur, que l'on effectue sur les données d'un problème les constructions nécessaires pour le résoudre.

La partie d'une épure située au-dessus de la ligne de terre représente la partie supérieure du plan vertical et cachée sous celle-ci, la partie postérieure du plan horizontal. Au-dessous de la ligne de terre on trouve la partie antérieure du plan horizontal et cachée sous celle-ci la partie inférieure du plan vertical (*fig.* 2).

DU POINT.

5. Définition. On nomme *projection d'un point* sur un plan le pied de la perpendiculaire abaissée du point sur le plan.

6. Théorème. *La position d'un point dans l'espace est déterminée lorsque l'on connaît sa projection sur le plan horizontal et sa projection sur le plan vertical.*

En effet si les points a, a' (*fig.* 3) sont les projections horizontale et verticale d'un point A de l'espace, ce point sera nécessairement situé à la rencontre de deux perpendiculaires élevées en a et a', l'une au plan horizontal, l'autre au plan vertical.

7. Théorème. *Dans une épure, les projections d'un point de l'espace sont situées sur une même perpendiculaire à la ligne de terre.*

En effet, soit (*fig.* 3) A un point de l'espace : projetons-le horizontalement en a et verticalement en a' (*). Par les droites Aa, Aa'

(*) Les perpendiculaires Aa, Aa' se nomment *les projetantes* du point A.

faisons passer un plan, il coupera les plans de projection suivant deux droites αa, $a'\alpha$. Ce plan $A\alpha a\alpha'$ mené par les perpendiculaires Aa, Aa' est perpendiculaire sur chacun des plans de projection et par suite sur leur intersection xy. Celle-ci est donc perpendiculaire sur les droites αa, $\alpha a'$. Par suite lorsqu'on fera tourner le plan vertical pour le rabattre sur le plan horizontal, la ligne $\alpha a'$ restant toujours perpendiculaire sur xy se placera sur le prolongement de αa, de sorte que dans l'épure *(fig. 4)* a et a' seront sur une même droite perpendiculaire à la ligne de terre, *c. q. f. d.*

8. Réciproquement. *Si dans une épure deux points situés l'un sur le plan horizontal, l'autre sur le plan vertical se trouvent placés sur une même perpendiculaire à la ligne de terre, ces deux points peuvent être regardés comme les projections d'un même point de l'espace.*

En effet soient *(fig. 4)* a, a' deux points satisfaisant à la condition énoncée : supposons les plans de projection relevés *(fig. 3)*. La droite $\alpha a'$ reste perpendiculaire à xy. Si donc on imagine un plan passant par cette droite et la ligne αa, il sera perpendiculaire sur xy et par suite sur chacun des plans de projection. En élevant en a une perpendiculaire sur le plan horizontal, et en a' une perpendiculaire sur le plan vertical, ces deux lignes seront situées dans le plan $a'\alpha a$ et se couperont en un point A ayant pour projections les points a et a', *c. q. f. d.*

9. Théorème. *La distance d'un point de l'espace à l'un quelconque des plans de projection est égale à la distance de sa projection de nom contraire à la ligne de terre.*

En effet *(fig. 3)* dans le rectangle $Aa'\alpha a$, on a : $Aa = a'\alpha$ et $Aa' = a\alpha$.

10. Épure d'un point dans différentes positions
On a vu dans ce qui précède que les projections d'un point du 1er dièdre sont situées de part et d'autre de la ligne de terre, la projection verticale au-dessus, la projection horizontale au-dessous. En rapprochant des figures 5, 6, 7, les figures 5 *bis*, 6 *bis*, 7 *bis*, on reconnaît aisément que :

Lorsqu'un point B de l'espace est dans le 2e dièdre, ses projections b, b' se trouvent dans l'épure toutes deux situées au-dessus de la ligne de terre ;

Lorsqu'un point C est dans le 3ᵉ dièdre, sa projection horizontale c est au-dessus de la ligne de terre, et sa projection verticale c', au-dessous ;

Lorsqu'un point D est dans le 4ᵉ dièdre, ses deux projections d, d' sont au-dessous de la ligne de terre ;

Lorsqu'un point est situé sur l'un des plans de projection, il a sa projection de nom contraire sur la ligne de terre et il est à lui-même sa projection sur le plan qui le contient. Exemple : les points E, F, G, K, *fig.* 8, 8 *bis*, 9, 9 *bis*.

Un point de la ligne de terre est évidemment à lui-même sa projection horizontale et sa projection verticale.

Cas particulier. Un point situé sur le plan bissecteur des 2ᵉ et 4ᵉ dièdres étant placé à égale distance des plans de projection, a ses projections à égale distance de la ligne de terre. Ces deux projections se trouvent donc dans l'épure réunies au même point soit au-dessus, soit au-dessous de la ligne de terre suivant que le point appartient au 2ᵉ ou au 4ᵉ dièdre (*fig.* 10 et 10 *bis*).

11. *Remarque.* Dans ce qui précède, nous avons désigné les points de l'espace par des majuscules et leurs projections par les minuscules correspondantes en accentuant les lettres qui représentent les projections verticales : c'est une règle générale à laquelle nous nous conformerons constamment. De plus, dans tout ce qui va suivre, nous représenterons en traits pleins, seulement les lignes visibles pour un observateur placé dans le dièdre antérieur supérieur ou premier dièdre. Les autres lignes, cachées par le rabattement l'un sur l'autre des plans de projection que nous supposons non transparents, seront marquées en traits ponctués.

Enfin, dans les problèmes, les données et les résultats seront seuls représentés par des traits pleins ou ponctués dans leurs parties visibles ou invisibles ; nous indiquerons par une suite de traits discontinus les lignes auxiliaires et de construction.

DE LA LIGNE DROITE.

12. Définition. On nomme *projection d'une ligne* sur un plan le lieu géométrique des pieds des perpendiculaires abaissées de ses différents points sur le plan.

On démontre en géométrie élémentaire que la projection d'une ligne droite sur un plan est une ligne droite. — Il faut excepter le cas où la droite est perpendiculaire au plan de projection; alors sa projection se réduit à un point qui n'est autre que celui où elle rencontre le plan.

Lorsqu'une droite de longueur déterminée est parallèle à un plan, elle s'y projette en vraie grandeur.

13. Théorème. *La position d'une droite dans l'espace est déterminée lorsque l'on connaît sa projection sur le plan horizontal et sa projection sur le plan vertical.*

En effet, soient (fig. 11) ab, $a'b'$, les projections horizontale et verticale d'une droite; si l'on conçoit par ab et $a'b'$ deux plans, l'un perpendiculaire au plan horizontal, l'autre perpendiculaire au plan vertical, ces deux plans devront contenir l'un et l'autre la droite de l'espace qui sera ainsi leur intersection AB.

Les plans menés par ab et $a'b'$ se nomment : le premier, le plan projetant horizontalement, l'autre, le plan projetant verticalement la droite AB.

14. Théorème *Deux droites situées l'une sur le plan horizontal, l'autre sur le plan vertical peuvent être regardées comme les projections d'une droite de l'espace pourvu qu'elles ne soient pas perpendiculaires toutes deux à la ligne de terre en des points différents.*

En effet par les lignes ab, $a'b'$ situées comme l'énoncé l'indique (fig. 12), concevons deux plans, le premier perpendiculaire au plan horizontal, le second perpendiculaire au plan vertical. Ces deux plans se couperont suivant une droite dont les projections seront ab, $a'b'$; car s'ils ne se coupaient pas, ils seraient parallèles, et comme le premier est perpendiculaire au plan horizontal, le second le serait également; or il est déjà perpendiculaire au plan vertical, il le serait donc aussi sur la ligne de terre, et $a'b'$ serait perpendiculaire sur xy. Pour une raison semblable, ab serait aussi perpendiculaire sur xy. Donc enfin ab et $a'b'$ seraient toutes deux perpendiculaires sur xy ce qui est contre l'hypothèse.

Remarque 1. Lorsque deux droites ab, $a'b'$ situées l'une dans le plan horizontal, l'autre dans le plan vertical (*fig.* 13) sont perpendiculaires en des points différents de la ligne de terre, les plans conduits par ces lignes perpendiculairement aux plans de projection sont parallèles. On voit ainsi que les droites ne sauraient être les projections d'une droite de l'espace.

Remarque 2. Lorsque deux droites ab, $a'b'$ (*fig.* 14) situées l'une dans le plan horizontal, l'autre dans le plan vertical sont perpendiculaires au même point de la ligne de terre, les plans menés par ces droites perpendiculairement aux plans de projection se confondent en un seul. Toutes les droites situées dans ce plan unique ont pour projections ab, $a'b'$; il y a donc ici indétermination. Le plan perpendiculaire à la ligne de terre se nomme *plan de profil.*

Remar ue 3. Lorsque la droite ab du plan horizontal est perpendiculaire à la ligne de terre (*fig.* 15) et que la droite $a'b'$ du plan vertical lui est oblique, les plans menés par ces droites perpendiculairement aux plans de projection se coupent suivant une droite dont ab est bien la projection horizontale, mais dont la projection verticale est non pas $a'b'$, mais bien le point v où ab prolongée rencontre $a'b'$. En effet, la droite de l'espace est alors perpendiculaire au plan vertical.

Une remarque tout à fait semblable est applicable au cas où $a'b'$ serait perpendiculaire et ab oblique à la ligne de terre.

15. Épure d'une droite dans différentes positions. Dans une épure une droite quelconque est représentée par ses deux projections ab, $a'b'$ (*fig.* 16).

Lorsqu'une droite est parallèle au plan horizontal (*fig.* 17) sa projection verticale $a'b'$ est parallèle à la ligne de terre. En effet tous les points de la droite étant situés à égale distance du plan horizontal, toutes leurs projections verticales doivent être à égale distance de la ligne de terre. La réciproque est vraie. Quant à la projection horizontale ab, elle est parallèle à la droite de l'espace.

De même, lorsqu'une droite est parallèle au plan vertical (*fig.* 18) sa projection horizontale *ab* est parallèle à la ligne de terre. La réciproque est vraie.

Lorsqu'une droite est parallèle à la ligne de terre, elle est parallèle à chacun des plans de projection et ses deux projections *ab*, *a'b'* (*fig.* 19) sont parallèles à la ligne de terre. La réciproque est vraie.

Lorsqu'une droite est perpendiculaire au plan horizontal (*fig.* 20) sa projection sur ce plan est un point et sa projection verticale *a'b'* est perpendiculaire à la ligne de terre. De même une droite perpendiculaire au plan vertical (*fig.* 21) a pour projection verticale un point *a'b'* et pour projection horizontale une droite *ab* perpendiculaire à la ligne de terre. Les réciproques sont vraies.

Lorsqu'une droite rencontre la ligne de terre (*fig.* 22) ses deux projections *ab*, *a'b'* s'y rencontrent. La réciproque est vraie.

Lorsqu'une droite est située dans un plan perpendiculaire à la ligne de terre (plan de profil) ses projections *ab*, *a'b'* sont sur une même perpendiculaire à la ligne de terre (*fig.* 23). Alors la droite n'est pas déterminée. On peut pour fixer sa position dans l'espace donner les projections de deux de ses points.

Lorsqu'une droite est dans l'un des plans de projection, elle est à elle-même sa projection sur ce plan : sa projection sur l'autre plan est la ligne de terre (*fig.* 24 et 25).

16. Définition. On nomme *traces* d'une droite les points où cette droite rencontre les plans de projection.

17. Problème 1. *Étant données les projections d'une droite trouver ses traces.*

Soient (*fig.* 26) *ab*, *a'b'* les projections d'une droite. La trace horizontale de cette droite se trouve sur *ab* et elle est à elle-même sa projection horizontale ; quant à sa projection verticale, elle doit se trouver sur *a'b'* et aussi sur la ligne de terre : on l'obtiendra donc en prolongeant *a'b'* jusqu'à sa rencontre en *h* avec *xy*. Il suffit alors pour avoir la trace horizontale cherchée d'élever en *h* une perpendiculaire sur *xy*. Le point H où cette perpendiculaire rencontre *ab* est la trace horizontale de la droite AB. On obtient de même la trace verticale de la droite en V à la rencontre de *a'b'* avec la perpendiculaire élevée à *xy* au point *v* où la droite *ab* rencontre *xy*.

On voit donc que pour déterminer les traces d'une droite donnée par ses projections, il faut prolonger ces projections jusqu'à leurs rencontres avec la ligne de terre et élever en ces points de rencontre des perpendiculaires à cette ligne ; les traces demandées sont à l'intersection des perpendiculaires avec les projections de la droite.

Les figures 27, 28, 29, donnent les dispositions affectées par l'épure suivant que la portion de la droite de l'espace comprise entre ses traces, traverse le 2ᵉ, le 3ᵉ ou le 4ᵉ dièdre.

Remarques. Lorsque la droite est parallèle à l'un des plans de projection, elle n'a qu'une trace qui se détermine comme on vient de le faire (*fig.* 30 et 31). Lorsque la droite est perpendiculaire à l'un des plans de projection, elle n'a qu'une trace qui se confond avec sa projection sur ce plan. Lorsqu'elle rencontre la ligne de terre, ses deux traces sont au point où ses projections rencontrent xy.

Cas particulier. *La droite est dans un plan de profil.*

Soient (*fig.* 32) (a,a'), (b,b') les projections de deux points de la droite dont on veut les traces. Le plan de profil qui la contient a pour trace horizontale αP et pour trace verticale αP'(*). Imaginons que l'on fasse tourner ce plan autour de sa trace horizontale et de gauche à droite pour le rabattre sur le plan horizontal. Les points A,B de la droite de l'espace sont situés à l'extrémité de perpendiculaires élevées en a et b au plan horizontal, la première d'une longueur égale à $\alpha a'$, l'autre d'une longueur égale à $\alpha b'$; ils viendront après le rabattement se placer en A_1 et B_1 à l'extrémité des perpendiculaires aA_1, bB_1, élevées sur αP et prises respectivement égales à $\alpha a'$ et $\alpha b'$ à l'aide de la construction indiquée sur la figure. La droite AB est donc rabattue suivant la ligne A_1B_1, qui rencontre αP en H et la ligne de terre en V_1. Si maintenant on suppose que le plan de profil se relève pour reprendre sa position dans l'espace, le point H situé sur l'axe de rotation reste immobile tandis que le point V_1 vient se placer sur αP' à une distance $\alpha V = \alpha V_1$. On a donc en H la trace horizontale de la droite donnée et en V sa trace verticale.

(*) On nomme *traces* d'un plan, les intersections de ce plan avec les plans de projection.

Les figures 33, 34, 35 donnent les dispositions affectées par les lignes de l'épure lorsque la portion de la droite comprise entre ses deux traces, traverse les 2°, 3° ou 4° dièdres.

18. Problème 2. *Étant données les traces d'une droite, construire ses projections.*

Soient (*fig.* 36) V et H les traces d'une droite. Le point V se projette horizontalement en v sur la ligne de terre, et le point H se projette verticalement en h' sur la ligne de terre. Les projections de la droite s'obtiendront donc en joignant d'un côté vH et de l'autre h'V.

19. Problème 3. *Étant donnés deux points par leurs projections, trouver leur distance, c'est-à dire la vraie grandeur de la droite qui les joint.*

Soient (*fig.* 37) $(a,\ a')$, $(b,\ b')$ les deux points donnés : ab, $a'b'$ sont les projections de la ligne AB qui les joint dans l'espace. Cette ligne AB est le 4° côté d'un trapèze abAB dont les côtés parallèles aA, bB sont les projetantes des points A, B. Si l'on fait tourner ce trapèze autour de ab pour le rabattre sur le plan horizontal, les droites aA, bB prendront les positions aA$_1$, bB$_1$ perpendiculaires sur ab : joignant A$_1$B$_1$ on aura la distance demandée. — La figure indique les constructions à l'aide desquelles on a pris aA$_1 = \alpha a'$ et bB$_1 = \beta b'$.

On peut encore obtenir la distance demandée au moyen du procédé dont l'indication suit et qu'il faut préférer au précédent.

Supposons (*fig.* 38) que le plan projetant horizontalement la droite AB tourne autour de la projetante Bb jusqu'à ce qu'il devienne parallèle au plan vertical ; la projection horizontale ab deviendra parallèle à la ligne de terre et le point a viendra se placer en a_1, à une distance du point b égale à ab. La projection verticale du point A viendra donc prendre position sur la perpendiculaire élevée en a_1, à la ligne de terre, à une distance de xy égale à $\alpha a'$, car dans le mouvement de rotation la distance du point A au plan horizontal reste la même. En menant donc par le point a' une parallèle à xy jusqu'à la rencontre de la perpendiculaire élevée en a_1 sur xy, on aura au point a'_1 de rencontre la projection verticale du point A après la rotation. Actuellement donc la ligne AB a pour projection verticale a'_1b' ; mais elle se projette alors en vraie grandeur puisqu'elle est parallèle au plan vertical. Donc a'_1b' est la distance demandée.

20. Problème 4. *Étant données les projections d'une droite et celles d'un de ses points, déterminer les projections d'un second point de la droite distant du premier d'une longueur donnée.*

Soient (*fig.* 39) $(ab, a'b')$ et (m, m') la droite et le point donnés. Ayant pris sur la droite un second point quelconque (n, n') on déterminera comme ci-dessus (1ᵉʳ procédé) le rabattement M_1N_1 de la ligne de l'espace sur le plan horizontal. Prenant ensuite M_1O_1 égale à la longueur donnée; on aura en O_1 le point demandé rabattu. On obtiendra ensuite ses projections o, o' en abaissant Oo perpendiculaire sur mn, puis oo' perpendiculaire sur la ligne de terre jusqu'à la rencontre de $a'b'$.

La longueur donnée pouvant être portée de part et d'autre du point M, il y a un second point (y, y') répondant à la question.

On peut encore pour résoudre le problème employer la méthode qui suit.

On commence (*fig.* 40) par amener la droite à être parallèle au plan vertical en faisant tourner son plan projetant horizontalement autour de la projetante Mm. Pour cela, on prend sur la droite un point quelconque (n, n'), et l'on fait la construction du problème 3 (second procédé). On prend ensuite sur la nouvelle projection verticale $m'n'_1$ de la droite et à partir du point m' une longueur $m'o'_1$ égale à la longueur donnée; menant o'_1o' parallèle à xy jusqu'à la rencontre de $m'n'$ et abaissant $o'o$ perpendiculaire sur xy jusqu'à la rencontre de ab, on a en o et o' les projections du point demandé.

On obtient par une construction semblable un second point (y,y') satisfaisant à la question.

Remarque. Il est clair que pour résoudre ce problème et le précédent on pourrait au lieu du plan horizontal choisir le plan vertical pour y opérer des constructions analogues à celles qui ont été indiquées.

21. Problème 5. *Étant données les projections d'une droite, trouver les angles que fait cette droite avec les plans de projection.*

On sait qu'on nomme angle d'une droite et d'un plan l'angle formé par la droite avec sa projection sur le plan. Soient donc

(ab, $a'b'$) les projections d'une droite (*fig.* 41); déterminons les traces a et b' de cette droite. Elle forme dans l'espace avec les lignes ab et bb' un triangle rectangle dont elle est l'hypoténuse et dont l'angle en a est celui qu'elle fait avec le plan horizontal. Si l'on fait tourner ce triangle autour de ab pour le rabattre sur le plan horizontal, le côté bb' prendra la position bb'_1, perpendiculaire sur ab et l'hypoténuse sera rabattue en ab'_1 : on aura donc en bab'_1 l'angle de la droite donnée avec le plan horizontal. On trouve encore cet angle en faisant tourner le triangle de l'espace abb' autour de bb' pour l'amener dans le plan vertical où il prend la position $b'a_1b$.

La droite donnée forme également avec aa' et $a'b'$ un triangle rectangle dont l'angle en b' est celui qu'elle fait avec le plan vertical. Ce triangle rectangle étant rabattu sur le plan vertical ou amené sur le plan horizontal, on a l'angle cherché en $a_2b'a'$ ou en ab'_2a'.

Remarque. L'angle que fait la droite avec sa projection verticale est moindre que celui qu'elle forme avec $b'b$. Or ce dernier rabattu en b'_1 est complémentaire de l'angle de la droite avec le plan horizontal ; donc la somme des angles formés par la droite donnée avec les plans de projection est inférieure à 90°.

Cas particuliers. 1° *Les traces de la droite ne sont pas dans les limites de l'épure.*

On peut alors (*fig.* 42) prendre deux points (m, m') (n, n') à volonté sur la droite donnée (ab, $a'b'$) et déterminer le rabattement de celle-ci successivement sur les deux plans de projection en faisant tourner les deux plans projetants l'un autour de ab, l'autre autour de $a'b'$. Le rabattement est M_1N_1 sur le plan horizontal : en menant M_1K parallèle à la projection ab, on forme l'angle KM_1N_1, égal à celui que fait la droite donnée avec le plan horizontal. Le rabattement sur le plan vertical en M_2N_2 ; menant N_2G parallèle à $a'b'$, on a en M_2N_2G un angle égal à celui que la droite fait avec le plan vertical.

Les angles demandés peuvent être encore obtenus en faisant tourner successivement les plans projetants la droite donnée, de manière à les amener chacun à être parallèle à l'un des plans de projection.

2° *La droite rencontre la ligne de terre.* On prend alors (*fig.* 43) un point quelconque (o, o') sur la droite donnée $(ab, a'b')$, et l'on rabat le triangle de l'espace aOo sur le plan horizontal en le faisant tourner autour de ao : le point o vient se placer en O_1 sur la perpendiculaire oO_1 à la projection ab et à une distance $oO_1 = \omega o'$. Le triangle est ainsi rabattu en aO_1o et l'angle de la droite avec le plan horizontal est oaO_1.

Par une construction semblable on obtient en $o'a'O_2$ l'angle de la droite avec le plan vertical.

3° *La droite est dans un plan de profil*. Ayant déterminé le rabattement de la droite donnée $(ab, a'b')$ comme dans le cas particulier du problème 1, on reconnaît (*fig.* 44) que les deux angles cherchés sont les angles aigus du triangle αHV_1.

Dans ce cas, et c'est le seul, la somme des angles d'une droite avec les plans de projection est égale à 90". Dans toutes les autres positions, cette somme est moindre que 90".

4° *La droite est parallèle à l'un des plans de projection*. L'angle qu'elle fait avec l'autre plan est alors égal à l'angle que fait sa projection sur le plan auquel elle est parallèle, avec la ligne de terre.

22. Droites qui se coupent. Théorème. *Lorsque deux droites se coupent, leurs projections de même nom se coupent et les deux points d'intersection sont situés sur une même perpendiculaire à la ligne de terre.*

En effet, le point commun aux deux droites qui se coupent doit avoir ses projections placées sur celles de même nom des deux droites. Donc ces projections se coupent, et les points d'intersection étant les projections d'un même point de l'espace sont situés sur une même perpendiculaire à la ligne de terre.

La réciproque est vraie, car si les projections d'un point sont situées en même temps sur celles de deux droites, le point est commun à ces deux droites.

La figure 45 est l'épure de deux droites $(ab, a'b')$, $(cd, c'd')$ qui se coupent en un point (o, o').

Remarque. Lorsque l'une des deux droites considérées est située dans un plan de profil, elle ne coupe pas nécessairement l'autre bien que leurs projections satisfassent à l'énoncé du théorème.

25. Droites parallèles. Théorème. *Lorsque deux droites sont parallèles, leurs projections de même nom sont parallèles.*

En effet, projetons sur le plan HH' les deux parallèles AB, CD (*fig.* 46) : les deux plans projetants BA*ab*, DC*cd* sont parallèles et par suite leurs intersections *ab*, *cd* par un troisième HH' sont parallèles.

La réciproque est fausse lorsqu'il s'agit des projections de deux droites sur un seul plan. En effet, *ab* par exemple est non-seulement la projection de la droite AB, mais encore de telle droite que l'on voudra située dans le plan BA*ab*.

La réciproque est vraie lorsque les projections horizontales des deux droites sont parallèles ainsi que leurs projections verticales.

En effet, soient (*fig.* 47) *ab*, *cd* les projections horizontales de deux droites, *a'b'*, *c'd'* leurs projections verticales; supposons *ab* et *cd* parallèles, ainsi que *a'b'* et *c'd'*; menons les plans projetants qui déterminent les droites AB, CD, et soit MN l'intersection du plan AB*ab* avec le plan CD*c'd'*. Les deux droites MN, CD sont parallèles comme intersections de deux plans parallèles par un troisième; pour la même raison, les deux droites AB, MN sont parallèles. Donc AB et CD, toutes deux parallèles à MN, sont parallèles entre elles.

24. Droites perpendiculaires entre elles. Théorème. *Lorsque deux droites sont perpendiculaires, leurs projections sur un même plan sont perpendiculaires pourvu que l'une des droites soit parallèle au plan de projection.*

Il est d'abord évident que si les droites sont toutes deux parallèles au plan de projection, leur angle se projettera en vraie grandeur, et, par suite, leurs projections seront perpendiculaires. — Supposons maintenant que, BAC étant un angle droit, le côté AB seul (*fig.* 48) soit parallèle au plan P; projetons le sommet A en *a*, et concevons les deux plans BA*a*, CA*a* : ils coupent le plan P suivant les droites *ab*, *ac*, qui sont les projections des lignes AB, AC. Or la ligne *ab* est parallèle à AB, donc AB est perpendiculaire sur A*a*, et comme elle l'est déjà par hypothèse sur AC, elle est perpendiculaire au plan CA*ca*. Sa parallèle *ab* est donc aussi perpendiculaire à ce plan et par suite à la droite *ac*. L'angle *bac*, projection de l'angle droit BAC, est donc un angle droit.

Le parallélisme d'un des côtés de l'angle droit avec le plan de projection est une condition nécessaire pour que l'angle des projections soit droit.

Supposons, en effet (*fig.* 49), que les lignes AB, AC, perpendiculaires entre elles, ne soient ni l'une ni l'autre parallèles au plan P, et menons AD perpendiculaire à AC et parallèle au plan P. L'angle CAD se projette suivant un angle droit *cad*, d'après ce qu'on vient de voir. — Or AB ne saurait se projeter suivant *ad*, car si *ad* était sa projection, les deux lignes AB, AD seraient situées dans un même plan perpendiculaire à AC et aussi perpendiculaire sur le plan P, de telle sorte que AC serait parallèle au plan P, ce qui est contre l'hypothèse. La projection de l'angle CAB est donc un angle *cab* différent de *cad*, c'est-à-dire différent d'un angle droit.

25. Problème 6. *Mener par un point une droite qui rencontre une droite donnée.*

Soient (o, o'), $(ab, a'b')$ le point et la droite donnés (*fig.* 50). Il suffit de prendre un point quelconque (m, m') sur la droite et de le joindre au point donné, la droite $(om, o'm')$ ainsi obtenue répond à la question. — Le problème est évidemment indéterminé.

26. Problème 7. *Mener par un point une droite parallèle à une droite donnée.*

Soient (o, o') $(ab, a'b')$ le point et la droite donnés (*fig.* 51). Il suffit de mener par les projections du point des droites respectivement parallèles aux projections de la droite donnée. On a ainsi les projections cd, $c'd'$ de la droite demandée (23).

Cas particulier. *La droite donnée est située dans un plan de profil.*

Soient (o, o') $(ab, a'b')$ le point et la droite donnés, cette dernière déterminée par les projections (a, a'), (b, b') de deux de ses points (*fig.* 52). Ayant rabattu la droite en A_1B_1, comme on l'a fait dans le cas particulier du problème 1, on imaginera un plan de profil passant par le point (o, o') et l'on déterminera la position O_1 que prend le point O lorsque le plan de profil tourne autour de sa trace horizontale pour se rabattre sur le plan horizontal. — Par le point O_1 on mènera HV_1 parallèle à A_1B_1 ; HV_1 sera la parallèle demandée rabattue sur |le plan horizontal. Cette parallèle est donc déterminée, puisque l'on connaît sa trace horizontale H et l'un de ses points (o, o').

27. Problème 8. *Mener par un point une perpendiculaire sur une droite, celle-ci étant donnée parallèle à l'un des plans de projection.*

Soient (o, o') le point donné *(fig. 53)* et $(ab, a'b')$ la droite donnée parallèle au plan horizontal. On abaissera *om* perpendiculaire sur *ab*, et l'on aura ainsi la projection horizontale de la perpendiculaire demandée (24). On obtiendra la projection verticale en élevant *mm'* perpendiculaire sur *xy* jusqu'à la rencontre de *a'b'* en *m'* et en joignant *o'm'*.

DU PLAN.

28. Représentation du plan. Un plan se représente dans une épure au moyen de ses *traces :* on nomme ainsi ses intersections avec les plans de projection.

Lorsqu'un plan n'est pas parallèle à la ligne de terre, ses traces s'y rencontrent au même point. En effet, le point où le plan rencontre la ligne de terre appartient à la fois aux deux plans de projection : il est donc commun aux deux traces du plan.

29. Épure d'un plan dans différentes positions. Un plan situé d'une manière quelconque et rencontrant la ligne de terre est représenté sur une épure par deux droites obliques à la ligne de terre et s'y rencontrant au même point *(fig. 54)*.

Lorsqu'un plan est perpendiculaire au plan horizontal, sa trace verticale est perpendiculaire sur la ligne de terre *(fig. 55)*. — Lorsqu'il est perpendiculaire au plan vertical, sa trace horizontale est perpendiculaire sur la ligne de terre *(fig. 56)*. — Les réciproques sont vraies.

Lorsqu'un plan est perpendiculaire à la ligne de terre, ses

traces sont elles-mêmes perpendiculaires sur la ligne de terre (*fig.* 57). — La réciproque est vraie.

Lorsqu'un plan est parallèle au plan horizontal ou au plan vertical, il n'a plus qu'une trace verticale ou horizontale, laquelle est parallèle à la ligne de terre (*fig.* 58 et 59). — Les réciproqués sont vraies.

Lorsqu'un plan est parallèle à la ligne de terre sans l'être à l'un des plans de projection, ses traces sont parallèles à la ligne de terre (*fig.* 60). — La réciproque est vraie.

Lorsqu'un plan passe par la ligne de terre, ses deux traces sont la ligne de terre elle-même. Il faut alors, pour déterminer la position du plan, donner les projections de l'un de ses points ou encore l'angle qu'il fait avec l'un des plans de projection.

50. Droite située dans un plan. Une ligne droite située dans un plan a ses traces situées sur celles du plan. En effet, la droite étant dans le plan ne peut rencontrer les plans de projection qu'en des points appartenant au plan, c'est-à-dire qu'en des points des traces de ce plan.

La réciproque est vraie, car si les traces d'une droite sont placées sur celles d'un plan, la droite, ayant deux points dans ce plan, y est contenue tout entière :

La *fig.* 61 est l'épure d'une droite (ab, $a'b'$) située dans un plan P'αP.

31. Horizontale d'un plan. Toute droite menée dans un plan parallèlement à la trace horizontale de ce plan est parallèle au plan horizontal et se nomme *une horizontale du plan* dans lequel elle est menée. Une telle droite se projette verticalement suivant une parallèle à la ligne de terre, puisqu'elle est parallèle au plan horizontal, et horizontalement suivant une droite parallèle à elle-même et par suite parallèle à la trace horizontale du plan.

La *fig.* 62 est l'épure d'une horizontale (ab, $a'b'$) d'un plan P'αP.

Réciproquement, toute droite d'un plan ayant sa projection verticale parallèle à la ligne de terre, a sa projection horizontale parallèle à la trace horizontale du plan et est une horizontale de ce plan.

Remarque : Une droite menée dans un plan parallèlement à la trace verticale de ce plan a sa projection verticale parallèle à la trace verticale du plan et sa projection horizontale parallèle à la ligne de terre. Telle est la droite $(ab, a'b')$ (*fig.* 63).

32. Ligne de plus grande pente d'un plan. On nomme ainsi une ligne menée dans un plan perpendiculairement à la trace horizontale de ce plan. Une telle ligne a sa projection horizontale perpendiculaire sur la trace horizontale du plan en vertu du théorème des trois perpendiculaires.

La ligne de plus grande pente d'un plan jouit de la propriété de former avec sa projection horizontale un angle plus grand que celui formé par toute autre droite du plan avec sa projection horizontale.

Soit en effet (*fig.* 64) AB perpendiculaire sur la trace horizontale αP du plan M, et soit AC une autre droite du plan M. Projetons ces deux droites en aB, aC; la ligne aC oblique sur αP est plus grande que la perpendiculaire aB; on peut donc prendre aK $= a$B et joindre AK. Les deux triangles ABa, AKa sont égaux; donc l'angle AB$a = $ AKa. Or ce dernier, extérieur au triangle ACK est plus grand que l'angle ACK; donc l'angle ABa est plus grand que l'angle ACa (*c. q. f. d.*)

Réciproquement, toute droite d'un plan ayant sa projection horizontale perpendiculaire sur la trace horizontale du plan est ligne de plus grande pente de ce plan.

33. Problème 1. *Étant données les traces d'un plan, construire les projections d'une droite située dans ce plan.*

Il suffit, pour résoudre le problème qui est évidemment indéterminé, de prendre un point sur la trace verticale du plan, un autre sur la trace horizontale, et de construire les projections de la droite ayant pour traces ces points (18). On peut encore, lorsque le plan donné, situé d'une manière quelconque par rapport aux plans de projection, rencontre la ligne de terre, prendre un point sur sa trace verticale et construire les projections de l'horizontale passant par ce point.

34. Problème 2. *Étant données les traces d'un plan et l'une des projections d'une droite située dans ce plan, construire l'autre projection.*

2

Soient PαP' un plan et ab la projection horizontale d'une droite de ce plan (*fig.* 65). Cette droite a pour trace horizontale le point a, lequel se projette verticalement sur xy en a'. D'autre part, le point b où ab rencontre xy est la projection horizontale de la trace verticale de la droite; cette trace est donc en b' au point où la trace αP' est rencontrée par la perpendiculaire élevée en b à la ligne de terre. La projection verticale cherchée est donc $a'b'$.

Cas particulier. *Le plan donné passe par la ligne de terre.*

Soient (*fig.* 66), PQ', (m, m') un plan passant par la ligne de terre et ab la projection horizontale d'une droite située dans ce plan. Ayant mené $m\alpha$ parallèle à ab et ayant joint am', on a en $m\alpha$, am' les projections d'une droite du plan donné; on n'aura donc qu'à mener par le point β, où ab rencontre xy la droite $a'b'$ parallèle à am' pour avoir la projection verticale demandée.

55. Problème 3. *Étant données les traces d'un plan, déterminer les projections d'un point situé dans ce plan.*

Il suffit de construire les projections d'une droite du plan et de prendre ensuite un point sur cette droite.

Cas particulier. *Le plan est perpendiculaire à l'un des plans de projection.*

Tous les points de la trace de même nom que le plan de projection auquel le plan donné est perpendiculaire sont les projections des points de ce plan. On n'aura donc qu'à élever en l'un des points de cette trace une perpendiculaire de longueur quelconque sur la ligne de terre: l'extrémité de cette perpendiculaire sera la seconde projection du point cherché.

56. Problème 4. *Étant données les traces d'un plan et l'une des projections d'un point de ce plan, trouver l'autre projection.*

Ayant mené par la projection donnée une droite que l'on considère comme la projection de même nom d'une droite du plan passant par le point, on déterminera (34) l'autre projection de cette droite. Élevant ensuite par le point donné une perpendiculaire sur la ligne de terre, on aura la projection demandée à la rencontre de cette perpendiculaire avec la seconde projection de la droite.

Remarque. Le problème est indéterminé lorsque le plan étant perpendiculaire à l'un des plans de projection, la projection donnée est située sur la trace de même nom que le plan de projection auquel le plan donné est perpendiculaire. Il est également indéterminé lorsque le plan est un plan de profil.

37. Problème 5. *Construire les traces d'un plan connaissant les projections de la ligne de plus grande pente de ce plan.*

Soit $(ab, a'b')$ la ligne de plus grande pente d'un plan (*fig.* 67). Pour obtenir les traces de ce plan, on n'a qu'à mener par la trace horizontale a de la droite, la droite αP perpendiculaire sur ab, et qu'à joindre le point α, où elle rencontre xy, à la trace verticale b de la droite donnée.

38. Problème 6. *Construire les traces d'un plan passant par deux droites qui se coupent ou par deux droites parallèles.*

Soient (*fig.* 68 et 69) $(ab, a'b')$, $(cd, c'd')$ les droites données. Ayant déterminé leurs traces, on joint entre elles celles de même nom. Les lignes αP′, αP ainsi obtenues sont les traces du plan demandé. Elles doivent ou être parallèles à la ligne de terre ou s'y rencontrer au même point.

Cas particuliers. 1° *Les deux droites qui se coupent sont l'une parallèle au plan horizontal, l'autre parallèle au plan vertical.*

Soient $(ab, a'b')$, $(cd, c'd')$ les lignes données (*fig.* 70) : on n'a plus alors qu'une trace de chaque espèce. Par l'une d'elles, c par exemple, on mène αP parallèle à ab et l'on joint $\alpha a'$. Le plan demandé est P′αP. La ligne αP′ doit être parallèle à $c'd'$.

2° *Les deux droites se coupent au même point de la ligne de terre.*

Soient $(ab, a'b')$, $(cd, c'd')$ les lignes données (*fig.* 71). On construit les projections d'une troisième droite mn, $m'n'$ qui coupe les deux premières, et l'on détermine les traces horizontale et verticale de cette droite. Les joignant au point α, on a en αH, αV les traces du plan demandé.

3° *Les deux droites qui se coupent sont l'une parallèle à la ligne de terre, l'autre quelconque.*

Dans ce cas (*fig.* 72), on détermine les traces de la droite quelconque $(ab, a'b')$ et l'on mène par ces traces des parallèles P, P' à la ligne de terre, qui sont les traces du plan demandé.

4° *Les deux droites sont parallèles à la ligne de terre.*

Dans ce cas (*fig.* 73) on construit les projections d'une troisième droite $(mn, m'n')$ qui coupe les deux premières, et l'on détermine ses traces par lesquelles on mène des parallèles P, P' à la ligne de terre. Ces parallèles sont les traces du plan demandé.

Remarques. Lorsqu'on veut faire passer un plan par une seule droite, le problème est indéterminé. On n'a pour le résoudre qu'à chercher les traces de la droite et qu'à joindre ensuite ces deux traces à un point quelconque de la ligne de terre.

Si la droite donnée est parallèle à la ligne de terre ou rencontre celle-ci, on mènera par un de ses points une seconde droite, et la question sera ainsi ramenée à faire passer un plan par deux droites qui se coupent.

Parmi les plans en nombre infini passant par une droite, il faut remarquer ses plans projetants. Le plan projetant horizontalement a pour trace horizontale la projection horizontale de la droite, et pour trace verticale une perpendiculaire à la ligne de terre. De même le plan projetant verticalement a pour trace verticale la projection verticale de la droite et pour trace horizontale une perpendiculaire à la ligne de terre. Lorsque l'une des projections de la droite est parallèle à la ligne de terre, le plan projetant correspondant est parallèle à l'un des plans de projection.

39. Problème 7. *Construire les traces d'un plan passant par un point et une droite.*

On mène par le point une droite qui rencontre la première ou qui lui soit parallèle, et l'on est ainsi ramené au problème 6 (38).

40. Problème 8. *Construire les traces d'un plan passant par trois points donnés non en ligne droite.*

On mène deux droites par les points donnés et l'on est ramené au problème 6.

41. Problème 9. *Construire les traces d'un plan passant par une droite donnée et parallèle à une seconde droite donnée.*

Soient $(ab, a'b')$, $(cd, c'd')$ les droites données (*fig.* 74). Par un point (o, o') de la première, on mène une parallèle à la seconde, et l'on fait passer un plan par les deux droites qui se coupent. Ce plan P'αP est le plan demandé.

42. Problème 10. *Construire les traces d'un plan passant par un point donné et parallèle à deux droites données.*

Soient $(ab, a'b')$, $(cd, c'd')$ les deux droites et (o, o') le point donné (*fig.* 75). Ayant mené par le point deux droites respectivement parallèles aux droites données, on n'a plus qu'à faire passer par ces deux parallèles un plan P'αP, lequel est le plan demandé.

43. Droite perpendiculaire sur un plan. Théorème. *Les projections d'une droite perpendiculaire sur un plan sont perpendiculaires sur les traces de même nom de ce plan.*

En effet, soient (*fig.* 76) ab, $a'b'$ les projections d'une droite de l'espace AB perpendiculaire sur le plan P'αP. Le plan projetant horizontalement la droite est perpendiculaire sur le plan P'αP, puisqu'il passe par une droite perpendiculaire à ce plan; il est donc perpendiculaire à la fois à deux plans, le plan horizontal et le plan P'αP, par suite il est perpendiculaire à leur intersection αP : donc cette droite est perpendiculaire sur ab. On démontrerait de même que la droite $a'b'$ est perpendiculaire sur αP'.

Réciproquement, soient (*fig.* 76) ab perpendiculaire sur αP et $a'b'$ perpendiculaire sur αP'. Je dis que la droite ayant pour projections ab et $a'b'$ est perpendiculaire sur le plan P'αP. En effet, le plan mené par ab perpendiculairement au plan horizontal est perpendiculaire sur αP et par suite sur le plan P'αP. De même le plan mené par $a'b'$ perpendiculairement au plan vertical est perpendiculaire sur le plan P'αP. Donc l'intersection de ces deux plans, c'est-à-dire la droite AB de l'espace est perpendiculaire au plan P'αP (*c. q. f. d.*).

Remarque. Lorsqu'un plan est parallèle à la ligne de terre, une droite peut avoir ses projections perpendiculaires sur les traces du plan sans être pour cela perpendiculaire à celui-ci. En effet, dans ce cas, toutes les droites contenues dans un plan de profil quelconque ont leurs projections perpendiculaires sur les traces du plan.

44. Problème 11. *Mener par un point donné une perpendiculaire sur un plan donné.*

D'après ce qui précède, il suffit, pour résoudre le problème, d'abaisser des projections du point donné des droites respectivement perpendiculaires sur les traces correspondantes du plan; ces droites sont les projections de la perpendiculaire demandée.

45. Plans parallèles. Théorème. *Deux plans parallèles ont leurs traces de même nom parallèles.* Ces traces sont en effet, les intersections de deux plans parallèles par un troisième.

La réciproque est vraie sauf pour le cas où les traces parallèles entre elles sont parallèles à la ligne de terre Il faut alors et il suffit, pour que les plans soient parallèles, que les distances des traces de l'un d'eux à la ligne de terre soient proportionnelles aux distances des traces de même nom de l'autre à la ligne de terre.

En effet, soient (P, P'), (Q, Q') deux plans ayant leurs traces parallèles à la ligne de terre (*fig.* 77). Menons un plan de profil M'αM. Si les plans donnés sont parallèles entre eux, le plan de profil les coupera suivant deux parallèles da', cb'. Rabattons le plan de profil sur le plan horizontal, en le faisant tourner autour de αM. Le point a' vient en a_1' et le point b' en b_1'; les intersections da', cb' sont donc rabattues en da_1', cb_1'; si elles sont parallèles et seulement dans ce cas, on a $\dfrac{ad}{ac_i} = \dfrac{aa_1'}{ab_1'}$ ou $\dfrac{ad}{ac} = \dfrac{aa'}{ab'}$. Donc cette proportion est une conséquence du parallélisme des deux plans; et d'autre part, si elle n'existe pas, il est clair que les deux plans se rencontreront.

46. Problème 12. *Mener par un point un plan parallèle à un plan donné.*

Soient P'αP et (o, o') le point et le plan donnés (*fig.* 78). On mène dans le plan une droite quelconque $(ab, a'b')$, et par le point une parallèle $(cd, c'd')$ à cette droite. On cherche les traces de $(cd, c'd')$, et par ces traces on mène des parallèles βQ', βQ aux traces de même nom du plan donné. Ces parallèles sont les traces du plan demandé.

Lorsque le plan donné rencontre la ligne de terre (*fig.* 79), on peut simplifier l'épure en menant par le point donné (o, o') une horizontale $(cd, c'd')$ du plan cherché; on détermine la trace verticale c' de cette droite, puis on mène par le point c', βQ' parallèle à αP′ et ensuite βQ parallèle à αP, et l'on a ainsi les traces du plan demandé.

47. Problème 13. *Étant données les traces d'un plan, déterminer les angles que fait ce plan avec les plans de projection.*

Soit P′αP un plan (*fig.* 80). Menons ba perpendiculaire sur αP et bb' perpendiculaire sur la ligne de terre. Si l'on suppose le point b' joint au point a, la ligne $b'a$ de l'espace est perpendiculaire sur αP, et l'on a un triangle bab' rectangle en b, dont l'angle aigu en a mesure le dièdre αP, c'est-à-dire l'angle du plan donné avec le plan horizontal. Rabattant ce triangle, soit sur le plan horizontal en le faisant tourner autour de ab, soit sur le plan vertical en le faisant tourner autour de bb', on obtient en bab_1' ou en ba_1b' l'angle du plan avec le plan horizontal.

Une construction analogue (*fig.* 81) donne en $c'd'c_1$ ou $cd_1'c'$ l'angle du plan P′αP avec le plan vertical.

Remarque. Si le plan P′αP tourne autour de αP pour se rabattre sur le plan horizontal (*fig.* 82), le point b' vient en b_1' à la rencontre de la perpendiculaire ba menée sur αP, avec un arc de cercle décrit du point a comme centre avec ab' pour rayon. La trace αP′ prend donc la position αP$_1'$, et l'on a en P$_1'$αP l'angle que font dans l'espace les tracés du plan donné.

48. Problème 14. *Étant donnée l'une des traces d'un plan et l'un des angles qu'il fait avec les plans de projection, trouver l'autre trace.*

1° Supposons d'abord que l'on donne la trace horizontale αP d'un plan (*fig.* 83), et l'angle que fait ce plan avec le plan horizontal. Pour déterminer la trace verticale, on abaissera ab perpendiculaire sur αP et l'on élèvera bb' perpendiculaire sur xy et bb_1' perpendiculaire sur ab. Ayant fait en a l'angle bab_1' égal à l'angle donné, on prendra $bb' = bb_1'$. Joignant enfin le point α au point b', on aura en αP′ la trace verticale cherchée.

Le problème comporte une seconde solution, car la longueur bb' peut être portée sur bb' prolongée au-dessous de la ligne de terre. On a ainsi un second plan PαP″ répondant à la question.

Lorsque l'angle donné est droit, il n'y a qu'une solution que l'on obtient en élevant une perpendiculaire à la ligne de terre au point où cette dernière ligne est rencontrée par la trace horizontale donnée.

2° Supposons maintenant que l'on donne la trace horizontale αP (*fig.* 84) et l'angle que fait le plan avec le plan vertical. Ayant mené aa' perpendiculaire sur xy, on fera l'angle $a'ab_1'$ complémentaire de l'angle donné : on obtiendra ainsi en b_1' un angle égal à l'angle donné. Puis du point a' comme centre avec $a'b_1'$ comme rayon, on décrira une circonférence à laquelle on mènera une tangente par le point α. Cette tangente $\alpha P'$ est la trace demandée.

Il y a un second plan $P\alpha P''$ répondant à la question, car on peut mener du point α une seconde tangente $\alpha P''$ à la circonférence.

Dans ce qui précède, nous avons supposé implicitement l'angle donné plus grand que l'angle $y\alpha P$ de la ligne de terre et de la trace donnée. S'il lui était égal, le point b_1' se confondrait avec le point α et l'on n'aurait qu'une solution ; s'il était moindre, le point α se trouverait dans l'intérieur de la circonférence, et le problème serait impossible.

MÉTHODE DES RABATTEMENTS.

49. Le problème général des rabattements consiste à déterminer la position que prend une figure située dans un plan lorsque ce plan ayant tourné autour de l'une de ses traces s'est rabattu sur l'un des plans de projection.

Les figures planes étant limitées par des lignes et ces dernières étant déterminées par la connaissance de leurs points, nous nous occuperons seulement du rabattement d'un point.

50. Problème 1. *Étant données les traces d'un plan et les projections d'un point de ce plan, déterminer la position que prend ce point lorsque le plan ayant tourné autour de l'une de ses traces s'est rabattu sur le plan de projection de même nom.*

1° Le plan est perpendiculaire à l'un des plans de projection.

Soient (*fig.* 85) P'αP un plan perpendiculaire au plan vertical, et *oo'* les projections d'un point situé dans ce plan. Supposons qu'on fasse tourner le plan autour de αP pour le rabattre sur le plan horizontal. Dans ce mouvement, le point O de l'espace décrit une circonférence ayant pour rayon l'hypoténuse d'un triangle rectangle dont les côtés de l'angle droit sont la perpendiculaire *og* abaissée sur αP et la projetante *o*O. Ce triangle se projette en vraie grandeur sur le plan vertical en *o'*αω, et la circonférence décrite par le point O suivant la circonférence *o″o'o‴*. En élevant donc en *o″* ou *o‴*, suivant que le plan tourne à gauche ou à droite une perpendiculaire sur la ligne de terre, on aura en O_1 ou O_2 points où elle rencontre *og* prolongée, la position du point rabattu.

Supposons maintenant que le plan tourne autour de αP' pour se rabattre sur le plan vertical. La projetante *o'*O se rabat suivant une perpendiculaire sur αP', et l'on a le point rabattu O_3 en prenant sur cette perpendiculaire une longueur $o'O_3 = \omega o$.

2° *Le plan est oblique par rapport aux plans de projection.*

1ʳᵉ *Méthode.* Soient (fig. 86) P'αP un plan et *oo'* les projections d'un point situé dans ce plan. Imaginons que l'on fasse tourner le plan autour de αP pour le rabattre sur le plan horizontal. Si l'on abaisse *og* perpendiculaire sur αP et que l'on suppose le point O de l'espace joint au point *g*, la ligne O*g* sera perpendiculaire sur αP d'après le théorème des trois perpendiculaires et dans le rabattement elle viendra se placer sur le prolongement de *og*. Le point O rabattu sera donc situé sur cette ligne à une distance du point *g* égale à la ligne de l'espace O*g*. Cette ligne O*g* est l'hypoténuse d'un triangle rectangle *o*O*g* dont les côtés de l'angle droit sont *og* et O*o* = ω*o'*. Élevant donc en *o* sur *og* la perpendiculaire $oO_2 = \omega o'$ et joignant $O_2 g$, on a en $O_2 g$ la longueur de l'hypoténuse O*g* : il ne reste qu'à prendre $gO_1 = gO_2$, et l'on a en O_1, le point O rabattu.

2° *Méthode.* Soient toujours (fig. 87) P'αP le plan donné et (*o,o'*) le point dont il s'agit de déterminer le rabattement sur le plan horizontal. Ayant abaissé *og* perpendiculaire sur αP, et ayant reconnu comme plus haut que le rabattement du point O doit se trouver sur cette ligne, on mène l'horizontale (*ab*, *a'b'*) passant par le point (*o,o'*). Lorsque le plan tourne, cette ligne reste parallèle à la trace αP : elle doit donc se rabattre suivant une parallèle à cette trace. Or si l'on abaisse *ak* perpendiculaire sur αP et que l'on décrive du point α comme centre avec $\alpha a'$ comme rayon un arc de cercle, le point A_1 de rencontre de cet arc avec *ak* prolongée est le rabattement de la trace verticale a' de l'horizontale, donc $A_1 B_1$ parallèle à αP est cette horizontale rabattue et le point O_1 où elle est rencontrée par *og* est le rabattement du point O.

Remarque. Le rabattement d'un point sur un plan et sa projection sur ce plan sont toujours situés sur une même perpendiculaire à l'axe de rotation.

51. Lorsque les données d'un problème sont dans un même plan, on peut pour résoudre le problème, rabattre ce plan sur l'un des plans de projection, puis ayant déterminé les positions occupées par les données après le rabattement, faire sur ces données rabattues les constructions nécessaires pour obtenir les résultats et chercher ensuite les projections de ces résultats, le plan étant ramené à sa position normale. Cette méthode amène à traiter le problème qui suit, inverse du précédent.

52. Problème 2. *Étant données les traces d'un plan et le rabattement d'un point de ce plan sur l'un des plans de projection, déterminer les projections de ce point.*

1° *Le plan est perpendiculaire à l'un des plans de projection.*

Soient (fig. 88) $P'\alpha P$ un plan perpendiculaire au plan vertical et O_1 le rabattement d'un point de ce plan sur le plan horizontal. Pour déterminer les projections de ce point, on remarquera, après avoir abaissé $O_1 g$ perpendiculaire sur αP que dans le mouvement que prend le plan $P'\alpha P$ rabattu lorsqu'on le ramène à sa position normale, la ligne $O_1 g$ décrit un cercle dont le plan est parallèle au plan vertical de projection et qui par suite s'y projette en vraie grandeur ; la projection verticale du point rabattu en O_1 doit donc se trouver sur une circonférence décrite du point α comme centre avec un rayon $\alpha o'' = g O_1$, et comme elle doit aussi se trouver sur $P'\alpha$, on l'obtient au point o' de rencontre de la circonférence avec $\alpha P'$. Abaissant $o'o$ perpendiculaire sur la ligne de terre jusqu'à la rencontre en o de $O_1 g$ prolongée, on a en o la projection horizontale demandée, car $O_1 o$ trace horizontale du cercle que décrit $O_1 g$ contient les projections horizontales de tous les points de ce cercle.

Si l'on donnait maintenant le rabattement O_2 du point O sur le plan vertical, il est aisé de voir que l'on aurait la projection verticale o' de ce point en abaissant une perpendiculaire du point O_2 sur $\alpha P'$ et la projection horizontale o en abaissant $o'o$ perpendiculaire sur xy et prenant $\omega o = o'O_2$.

2° *Le plan est oblique par rapport aux plans de projection.*

1re Méthode. Soient (fig. 89) $P'\alpha P$ un plan et O_1 le rabattement d'un point O de ce plan sur le plan horizontal : il s'agit de déterminer les projections du point O. Abaissons O_1g perpendiculaire sur αP : lorsque le plan tourne pour reprendre sa position normale, O_1g décrit un cercle dont le plan est perpendiculaire au plan horizontal, donc la trace O_1g de ce cercle contient la projection horizontale du point O. Or, lorsque le plan a repris sa position dans l'espace, O_1g est l'hypoténuse d'un triangle rectangle gOo dont l'angle aigu en g est l'angle du plan donné avec le plan horizontal. Pour construire ce triangle dont l'un des côtés de l'angle droit est la distance de la projection horizontale du point O au point g, on détermine (47) l'angle γ du plan donné avec le plan horizontal, puis on mène au point g une ligne $gO_2 = gO_1$ faisant avec O_1g prolongée un angle γ Abaissant du point O_2, une perpendiculaire sur O_1g, on a en o la projection horizontale du point O de l'espace. La projection verticale o' s'obtient en abaissant oo' perpendiculaire sur xy et prenant $\omega o' = oO_2$.

2° Méthode. Soient encore (fig. 90) $P'\alpha P$ le plan et O_1 un point de ce plan rabattu sur le plan horizontal. Ayant abaissé O_1g perpendiculaire sur $\alpha P'$, on remarquera comme dans la première méthode que la projection horizontale cherchée doit se trouver sur la droite O_1g. On rabattra ensuite la trace verticale du plan en $\alpha P'_1$ (47. Remarque), et l'on mènera A_1B_1 passant par O_1 et parallèle à αP; cette ligne peut être considérée comme étant le rabattement d'une horizontale du plan passant par le point O. La trace rabattue de cette horizontale est A_1 et elle a pour projections les points a,a'. La connaissance de ces points permet de tracer les projections $a'b'$, ab de l'horizontale AB sur lesquelles on trouve aisément en o',o les projections du point O.

APPLICATIONS DE LA MÉTHODE DES RABATTEMENTS.

55. Problème 1. *Etant données les projections d'une droite et celles d'un point, mener par le point une seconde droite qui rencontre la première en faisant avec elle un angle donné.*

Soient (fig. 91) (ab, $a'b'$) et (o,o') la droite et le point donnés. Par le point menons une parallèle (cd, $c'd'$) à la droite et par ces deux lignes faisons passer un plan. Ayant déterminé la trace horizontale αP de ce plan, faisons-le tourner autour de cette trace et déterminons le rabattement du point et de la droite donnés. Le point se rabat en O_1 (50. 2°). Pour obtenir le rabattement de la droite, nous remarquerons que la droite CD de l'espace se rabat suivant cO_1 car le point c situé sur l'axe de rotation ne bouge pas pendant le mouvement du plan : or la droite (ab, $a'b'$) est parallèle à CD, donc elle se rabat suivant une droite aB, menée par sa trace horizontale a, parallèlement à cO_1. Ces rabattements-effectués, menons O_1M_1 faisant avec aB, un angle égal à l'angle donné ; cette ligne O_1M_1 est le rabattement de la droite demandée. Pour en obtenir les projections, nous déterminerons celles du point M_1. Pour cela il suffit d'abaisser M_1g perpendiculaire sur αP jusqu'à la rencontre en m de ab et d'élever mm' perpendiculaire sur xy jusqu'à la rencontre de $a'b'$ en m' : m et m' sont les projections du point M. Joignant $o'm'$, om, on a les projections de la droite demandée. Il y a une seconde droite répondant à la question lorsque l'angle donné n'est pas un angle droit.

Lorsque l'angle donné est droit il n'y a qu'une solution. Dans ce cas le problème peut s'énoncer : *abaisser d'un point une perpendiculaire sur une droite*, ou bien *déterminer la distance d'un point à une droite, le point et la droite étant donnés par leurs projections.*

Remarque. On s'est contenté de déterminer la trace horizontale du plan passant par les données de la question. Il est clair qu'on aurait pu déterminer seulement la trace verticale et opérer le rabattement sur le plan vertical, rabattement qui s'effectue à l'aide de constructions tout à fait analogues à celles qu'on emploie pour rabattre sur le plan horizontal.

54. Próblème 2. *Connaissant les projections du centre et le rayon d'un cercle situé dans un plan donné, construire les projections de ce cercle.*

Soient (fig. 92) P'αP un plan et oo' les projections du centre d'un cercle de rayon donné situé dans ce plan. On sait que la projection d'un cercle sur un plan oblique au sien est une ellipse, et d'autre part, qu'une ellipse est déterminée, c'est-à-dire peut être construite, lorsque l'on connaît ses deux axes. Nous nous contenterons donc ici de déterminer les deux axes de chacune des ellipses suivant lesquelles le cercle se projette sur le plan horizontal et le plan vertical.

Supposons que le plan P'αP tourne autour de αP pour se rabattre sur le plan horizontal. Le point (o,o') vient en O_1 et la trace verticale du plan en αP'$_1$. Décrivons un cercle du point O_1 comme centre avec le rayon donné : ce cercle est le rabattement du cercle situé dans le plan donné. Les axes de l'ellipse suivant laquelle il se projette sur le plan horizontal sont les projections horizontales de deux diamètres, l'un A_1B_1 parallèle à αP, l'autre C_1D_1 perpendiculaire au premier. A_1B_1 se projette en vraie grandeur en ab, et C_1D_1 suivant une perpendiculaire à ab (24) partagée en son milieu par le point o, car la projection du milieu d'une droite est située au milieu de la projection de cette droite. Si l'on mène C_1i parallèle à αP'$_1$, et ic parallèle à xy, le point c où cette ligne rencontre O_1o sera la projection horizontale du point rabattu en C_1, car ic est la projection horizontale de la ligne rabattue en iC_1, laquelle est dans l'espace parallèle à αP'. Prenant donc $od = oc$, on a en cd le petit axe de l'ellipse projection du cercle sur le plan horizontal.

Les axes de la seconde ellipse, projection du cercle sur le plan vertical, sont deux droites l'une $e'f'$ parallèle à αP' et égale au diamètre du cercle, l'autre perpendiculaire à la première et passant comme elle par le point o'. La ligne $e'f'$ est la projection verticale d'un diamètre rabattu en E_1F_1 parallèlement à la trace verticale du plan donné et par conséquent se projetant verticalement en vraie grandeur. Le petit axe dont il reste à déterminer la grandeur, est la projection du diamètre perpendiculaire à EF rabattu en G_1K_1. Pour obtenir cette projection, on prolongera G_1K_1 jusqu'en V_1 à sa rencontre avec αP'$_1$. Le point V_1 étant le rabattement d'un point de la trace verticale, ce point se projette en v sur xy. Joignant ov et abaissant $G_{1}g$ perpendiculaire sur αP, on a en g la projection horizontale du point G dont la projection verticale g' se trouve alors à la rencontre de la perpendiculaire gg' à xy avec la droite $g'k'$. Prenant enfin $o'k' = o'g'$, on a en $g'k'$ le petit axe cherché.

PROBLÈMES SUR LA LIGNE DROITE ET LE PLAN.

55. Problème 1. — *Etant donnés deux plans, déterminer leur intersection.*

Soient $P'\alpha P, Q'\beta Q$ les deux plans donnés (*fig.* 93). Leurs traces verticales se coupent en a' et leurs traces horizontales en b ; donc a' et b sont les traces de leur intersection. On n'a donc pour déterminer ses projections qu'à abaisser sur xy les perpendiculaires $a'a, bb'$ et qu'à joindre $a'b', ab$ (18).

Cas particuliers. — 1° *Les traces horizontales ou verticales des deux plans sont parallèles.*

Soient (*fig.* 94) les deux plans $P'\alpha P, Q'\beta Q$ dont les traces horizontales sont parallèles. La trace verticale de leur intersection est en a' et cette intersection est parallèle au plan horizontal puisque les traces horizontales des deux plans sont parallèles. Elle est donc une horizontale des deux plans et a pour projections $a'b'$ parallèle à la ligne de terre et ab parallèle aux traces horizontales.

2° *L'un des plans est parallèle à l'un des plans de projection.*

Soient (*fig.* 95) les plans $P'\alpha P, M'N'$ dont le dernier est parallèle au plan horizontal. L'intersection de ces deux plans est parallèle à αP et a pour trace verticale le point a' : ses projections sont donc $a'b'$ parallèle à xy et ab parallèle à αP.

3° *Les deux plans sont parallèles à la ligne de terre.*

Soient PP', QQ' les deux plans donnés (*fig.* 96). Leur intersection est parallèle à la ligne de terre et a ainsi ses projections parallèles à xy. Pour les tracer, il suffit donc de déterminer un point de chacune d'elles. On y arrive en coupant les deux plans par un plan auxiliaire et cherchant les intersections de ce plan avec chacun des deux plans donnés : le point de rencontre des deux intersections appartient à l'intersection demandée.

On prend ordinairement pour plan auxiliaire un plan de profil M'αM. L'ayant rabattu sur l'un des plans de projection, le plan horizontal par exemple, en le faisant tourner autour de αM, on a en $a'_1 c, b'_1 d$ les rabattements de ses intersections avec les plans donnés. Le point O_1 où ces lignes se rencontrent est le rabattement d'un point de l'intersection cherchée. Les projections de ce point s'obtiennent : la projection horizontale o, en abaissant $O_1 o$ perpendiculaire sur αM, et la projection verticale o', en prenant $\alpha o' = o O_1$. Menant enfin par les points o, o' les parallèles rs, $r's'$ à la ligne de terre, on a les projections de l'intersection des plans donnés.

4° *Les traces des deux plans se rencontrent au même point de la ligne de terre.*

Soient P'αP, Q'αQ les plans donnés (*fig.* 97). L'intersection passe par le point α : il suffit donc d'en déterminer un second point, ce qu'on fera en employant un plan auxiliaire comme dans le cas précédent. Le mieux ici est de prendre pour plan auxiliaire un plan parallèle à l'un des plans de projection, le plan M'N' par exemple. Les projections (ao, $a'o'$), (bo, $b'o'$) des intersections de ce plan avec chacun des plans proposés se coupent en deux points o, o', qui sont les projections d'un point de l'intersection cherchée. Joignant donc αo, $\alpha o'$, on a les projections de cette intersection.

5° *L'un des plans passe par la ligne de terre.*

La marche à suivre est absolument la même que dans le cas précédent. On fait passer le plan auxiliaire M'N' par le point (g, g') qui détermine le plan passant par la ligne de terre (*fig.* 98). Les projections de l'intersection sont αo, $\alpha o'$.

6° *Les traces de chacun des plans sont sur le prolongement l'une de l'autre.*

Soient P'αP, Q'βQ (*fig.* 99) les plans donnés. Le point (a', b) où se rencontrent leurs traces est à la fois la trace horizontale et la trace verticale de l'intersection : celle-ci est donc située dans un plan de profil, et elle forme l'hypoténuse d'un triangle rectangle et isocèle dont chaque côté de l'angle droit est égal à la distance du point (a', b) au point γ. Les projections demandées sont $a'\gamma, \gamma c$.

7° *Les traces des deux plans ne se rencontrent pas dans les limites de l'épure.*

Supposons d'abord que cela ait lieu pour les traces d'une seule espèce, les traces verticales par exemple (*fig.* 100). On mènera un plan auxiliaire M'γM parallèle à l'un des plans donnés Q'βQ, par exemple, et assez rapproché de l'autre P'αP pour que leurs traces se coupent, et l'on déterminera les projections cd, $c'd'$ de leur intersection. On abaissera ensuite bb' perpendiculaire sur xy, et l'on mènera ab, $a'b'$ respectivement parallèles à cd, $c'd'$. Ces lignes ab, $a'b'$ sont les projections de l'intersection cherchée, car les intersections de deux plans parallèles par un troisième sont parallèles.

Si maintenant les traces horizontales ainsi que les traces verticales ne se rencontrent pas (*fig.* 101), on peut couper les plans donnés par deux plans auxiliaires parallèles à l'un des plans de projection, au plan horizontal par exemple, et déterminer les intersections de ces plans M'N', R'S' avec les plans donnés. Les points de rencontre (a, a'), (b, b') de ces intersections sont les projections de deux points de l'intersection cherchée, laquelle a ainsi pour projections les droites ab, $a'b'$.

56. Problème 2. *Déterminer l'intersection d'une droite et d'un plan.*

Pour trouver l'intersection d'une droite et d'un plan, on fait passer par la droite un plan quelconque dont on détermine l'intersection avec le plan donné. Le point cherché devant être sur la droite et sur cette intersection, se trouve à leur rencontre.

Ainsi, soient P'αP, $(ab, a'b')$ le plan et la droite donnés (*fig.* 102). Ayant mené un plan QβQ' par la droite (38. Remarque), on détermine son intersection $(cd, c'd')$ avec le plan donné. Les projections (o, o') du point cherché sont à la rencontre des projections ab, cd et $a'b'$, $c'd'$.

On simplifie l'épure en prenant, au lieu d'un plan quelconque, le plan projetant la droite horizontalement ou verticalement. Ainsi (*fig.* 103) P'αP et $(ab, a'b')$ étant le plan et la droite donnés, Q'βQ est le plan projetant la droite horizontalement. Ce plan coupe le premier suivant une ligne dont la projection verticale est $c'd'$. Donc o', point de rencontre de $a'b'$ avec $c'd'$, est la projection verticale du point cherché; la projection horizontale o s'obtient en abaissant $o'o$ perpendiculaire sur la ligne de terre jusqu'à la rencontre de ab.

Cas particuliers. 1° *La droite est dans un plan de profil.*

Soient P'αP le plan donné et $(ab, a'b')$ la droite donnée par les projections de deux de ses points (a, a') (b, b') (*fig.* 104). On rabat le plan de profil sur le plan horizontal en le faisant tourner autour de αM, et l'on détermine le rabattement $A_1 B_1$ de la droite donnée et celui cc'_1 de l'intersection du plan P'αP avec le plan de profil. Le point de rencontre O_1 de A_1B_1 avec cc'_1 est le rabattement du point demandé. On obtient ses projections o, o' au moyen d'une construction connue.

2° *Le plan est donné par deux droites.*

On peut, dans ce cas, se dispenser de chercher ses traces. Soient (*fig.* 105) $(ab, a'b')$ $(cd, c'd')$ les deux droites qui déterminent le plan et $(mn, m'n')$ la droite dont on veut l'intersection avec celui-ci. La droite $(ab, a'b')$ rencontre le plan projetant horizontalement la droite $(mn, m'n')$ en un point ayant pour projections o, o'. La droite $(cd, c'd')$ rencontre ce même plan en un point (g, g'). La droite $o'g'$ est donc la projection verticale de l'intersection du plan des deux droites et du plan projetant horizontalement la droite $(mn, m'n')$. Le point i', où elle rencontre $m'n'$, est par suite la projection verticale du point demandé. Abaissant $i'i$ perpendiculaire sur xy, jusqu'à la rencontre de mn, on a en i la projection horizontale de ce point.

57. Problème 3. *Déterminer l'intersection de trois plans.*

Pour résoudre ce problème, on détermine l'intersection de deux des plans donnés, puis on cherche le point où cette intersection rencontre le troisième plan. Ce point est l'intersection demandée.

On peut encore chercher l'intersection de deux des plans, puis l'intersection de l'un d'eux avec le troisième. L'intersection demandée est à la rencontre des deux droites obtenues.

Lorsque la première intersection trouvée est située dans le troisième plan, les trois plans donnés se coupent suivant une ligne droite.

58. Problème 4. *Mener par un point une droite qui rencontre deux droites données.*

Par le point et l'une des droites on fait passer un plan ; par le point et l'autre droite on fait passer un second plan. L'intersection de ces deux plans est la droite demandée, car cette ligne, **devant** passer par le point et rencontrer les deux droites données, est à la fois dans les deux plans.

On peut encore, pour résoudre le problème, faire passer un plan par le point et l'une des droites, chercher son intersection avec l'autre droite et joindre le point trouvé au point donné.

59. Problème 5. *Déterminer la distance d'un point à un plan.*

Cette distance se mesure par la perpendiculaire abaissée **du** point sur le plan. Soient donc P'αP et (m, m') le plan et le **point** donnés *(fig.* 106). On abaisse des points m, m' des perpendiculaires sur les traces correspondantes du plan, et l'on a ainsi **les** projections de la perpendiculaire abaissée du point M de l'**espace** sur le plan (43). On détermine le point (o, o') où cette perpendiculaire rencontre le plan (56), et l'on cherche la vraie **grandeur** $o'm'_1$ de la droite $(om, o'm')$ (19). $o'm'_1$ est la distance demandée.

Cas particulier. *Le plan est parallèle à la ligne de terre.*

Soient P, P' et (m, m') le plan et le point donnés *(fig.* 107); **les** projections de la perpendiculaire abaissée du point sur le plan sont $om, o'm'$ et cette perpendiculaire est située dans un plan **de** profil. Faisant tourner ce plan autour de sa trace horizontale pour le rabattre sur le plan horizontal, on détermine le rabattement kg'_1 de son intersection avec le plan donné et aussi le rabattement M_1 du point donné. En abaissant $M_1 O_1$ perpendiculaire sur kg'_1, on obtient la distance demandée, et O_1 est le rabattement de son pied. On peut relever ce point et déterminer ses projections o, o' : alors $om, o'm'$ sont les projections de la distance demandée.

60. Problème 6. *Mener par un point un plan perpendiculaire sur une droite.*

Soient *(fig.* 108) $(a'b', ab)$ et (d, d') la droite et le point donnés, e plan demandé doit avoir ses traces perpendiculaires sur les projections de même nom de la droite (43). Pour déterminer **un** point de l'une d'elles, par le point donné menons une horizontale du plan cherché : comme elle doit être parallèle à la trace horizontale du plan, elle aura sa projection horizontale cd perpendiculaire sur ab et sa projection verticale $c'd'$ parallèle à xy. La trace c' de cette horizontale est un point de la trace verticale du plan cherché. On aura donc les traces de ce plan en menant par le point c' $\alpha P'$ perpendiculaire sur $a'b'$ puis αP parallèle à cd.

61. Problème 7. *Déterminer la distance d'un point à une droite.*

Cette distance se mesure par la perpendiculaire abaissée du point sur la droite. Le problème a été déjà résolu (53) par la méthode des rabattements. En voici une autre solution :

Soient $(ab, a'b')$ et (o, o') la droite et le point donnés (*fig.* 109). On mène par le point un plan $P'\alpha P$ perpendiculaire sur la droite (60); on détermine le point (m, m') où la droite rencontre ce plan (56). On joint ce point au point donné et l'on a ainsi les projections $(om, o'm')$ de la distance demandée. On n'a plus qu'à en déterminer la vraie grandeur $m'o'_1$ (19).

Cas particuliers. 1° *La droite est parallèle à l'un des plans de projection.*

Soient (o, o') le point et $(ab, a'b')$ la droite donnée parallèle au plan horizontal (*fig.* 110). On a les projections $om, o'm'$ de la perpendiculaire demandée, au moyen de la construction indiquée plus haut (27), et l'on cherche sa vraie grandeur $o'm'_1$ par le procédé connu (19).

2° *La droite est dans un plan de profil.*

Soient (o, o') et $(ab, a'b')$ le point et la droite donnés (*fig.* 111). On abaisse $(oi, o'i')$ perpendiculaire sur le plan de profil, et l'on détermine par le procédé connu le rabattement A_1B_1 de la droite donnée et celui I_1 du pied de la perpendiculaire $(oi, o'i')$. Si l'on abaisse I_1M_1 perpendiculaire sur A_1B_1, et que l'on suppose le plan relevé, la ligne, qui dans l'espace joindrait le point O au point M, sera perpendiculaire sur la ligne donnée AB en vertu du théorème des trois perpendiculaires. On aura donc les projections de la distance demandée en déterminant les projections m, m' du point M et joignant $o'm', om$. Il ne reste plus qu'à déterminer la vraie grandeur O_1M_2 de la droite $(om, o'm')$ et le problème est résolu.

62. Problème 8. *Déterminer la distance de deux plans parallèles.*

Soient les deux plans parallèles P'αP, Q'βQ (*fig.* 112) : d'un point de l'un, β par exemple, on abaisse une perpendiculaire (βa', βa) sur l'autre, et l'on cherche le point (o, o') où elle rencontre ce dernier. On a en βo, βo' les projections d'une perpendiculaire commune aux deux plans, c'est-à-dire de la distance demandée. On n'a donc plus qu'à déterminer sa vraie longueur, laquelle est $βo'_1$.

On peut encore, pour résoudre le problème, couper les deux plans par un troisième M'γM (*fig.* 113) perpendiculaire au plan horizontal et ayant sa trace horizontale perpendiculaire sur celles des deux plans. On rabat ce plan sur le plan horizontal en le faisant tourner autour de sa trace horizontale, et l'on détermine le rabattement de ses intersections avec les plans donnés. On a ainsi deux parallèles k'_1i, $g'_1 n$, dont la distance RS est celle des deux plans donnés.

63. Problème 9. *Déterminer la plus courte distance de deux droites.*

Soient (*fig.* 114 et 115) AB, CD deux droites données par leurs projections $(ab, a'b')$ $(cd, c'd')$ et dont on demande la plus courte distance. Par la ligne $(cd, c'd')$ on fait passer un plan (P'αP) parallèle à la droite $(ab, a'b')$; d'un point (i, i') quelconque pris sur $(ab, a'b')$, on abaisse une perpendiculaire $(ig, i'g')$ sur ce plan, et l'on détermine le point (g, g') où elle le rencontre. Par le point (g, g') on mène $(gm, g'm')$ parallèle à $(ab, a'b')$ jusqu'à la rencontre de $(cd, c'd')$, puis par le point (m, m') de rencontre, on mène $(mo, m'o')$ parallèle à $(ig, i'g')$ jusqu'à la rencontre de $(ab, a'b')$ en (o, o'). La ligne $(mo, m'o')$ ainsi obtenue est la distance demandée. Sa vraie grandeur est m'_1o'.

Cas particulier. *L'une des droites est la ligne de terre.*

Soit proposé de trouver la plus courte distance d'une droite $(cd, c'd')$ à la ligne de terre. On détermine les traces de la droite et l'on mène par ces traces des parallèles à la ligne de terre qui

sont les traces d'un plan P'P parallèle à cette dernière ligne
(*fig.* 116). D'un point quelconque A de la ligne de terre on abaisse
des perpendiculaires sur les traces P'P. On a ainsi les projections
Ae', Ag d'une perpendiculaire abaissée sur le plan PP'. On rabat le
plan de profil, qui contient cette perpendiculaire, sur le plan horizontal, et l'on obtient en e'_1g le rabattement de son intersection
avec le plan PP'. La perpendiculaire AK abaissée sur e'_1g est égale
à la distance demandée. Pour avoir les projections de cette distance, il suffit de mener par le point K une parallèle KI à xy, et
par le point I de rencontre avec (cd, $c'd'$), une perpendiculaire
sur la ligne de terre : om, $o'm'$ sont les projections demandées.

64. Problème 10. *Déterminer l'angle de deux droites et
les projections de la bissectrice de cet angle.*

Soient (ab, $a'b'$) (cd, $c'd'$) les droites données, qui se coupent en
un point (o, o') (*fig.* 117). On détermine l'une des traces, la trace
horizontale HK par exemple, du plan qui passe par ces deux
droites, et l'on rabat ce plan sur le plan horizontal en le faisant
tourner autour de HK. Après le rabattement, le point O de l'espace
se place en O_1, et les deux droites se rabattent suivant les lignes
HO_1, KO_1 formant entre elles l'angle demandé.

Pour obtenir les projections de la bissectrice de cet angle, on
mène O_1G bissectrice de l'angle HO_1K. Cette droite a pour trace
horizontale le point G, qui se projette verticalement en g'. On a
donc, en joignant oG, $o'g'$, les projections demandées.

Remarque. Lorsque deux droites ne se rencontrent pas, on entend par leur angle celui formé par l'une d'elles avec une parallèle à l'autre menée par l'un quelconque de ses points. La question
qui consiste à chercher l'angle de deux droites non situées dans
le même plan se ramène donc à celle qui vient d'être traitée.

65. Problème 11. *Déterminer l'angle d'une droite et d'un
plan.*

L'angle d'une droite et d'un plan étant celui qu'elle forme avec
sa projection sur le plan, il faudrait donc pour l'obtenir abaisser
d'un point de la droite une perpendiculaire sur le plan, joindre le
pied de cette perpendiculaire au point où la droite rencontre le
plan, et chercher l'angle de la droite ainsi obtenue avec la droite
donnée.

On arrive plus aisément au résultat en déterminant l'angle formé par la droite donnée et une perpendiculaire abaissée d'un de ses points sur le plan. Le complément de cet angle est l'angle demandé.

Ainsi (*fig.* 118) le plan et la droite donnés étant P'αP et $(ab, a'b')$, on abaisse d'un point (o,o') pris sur la droite une perpendiculaire $(cd, c'd')$ sur le plan, et l'on détermine l'angle cO_1a des deux droites. Son complément cO_1M, déterminé en élevant en O_1 une perpendiculaire sur O_1a, est l'angle demandé.

Cas particulier. *Le plan est parallèle à la ligne de terre.*

Soient PP' et $(ab, a'b')$ le plan et la droite donnés (*fig.* 119). La perpendiculaire abaissée d'un point (o,o') de la droite sur le plan est alors contenue dans un plan de profil. Pour déterminer l'angle de cette droite avec la ligne donnée, il faut chercher leurs traces horizontales ou verticales pour avoir la trace correspondante du plan qui les contient. La trace horizontale de la droite $(ab, a'b')$ est en G. Quant à la trace horizontale de la perpendiculaire, pour l'obtenir, il faut rabattre le plan de profil qui la contient. Le point $(o.o')$ vient en O_1 et l'intersection du plan PP' avec le plan de profil en k'_1h. La perpendiculaire rabattue s'obtient en abaissant O_1R perpendiculaire sur k'_1h; sa trace est donc en R, et GR est la trace du plan passant par les deux droites. On rabat ce plan sur le plan horizontal, et l'on obtient en GO_2R l'angle de la droite donnée et de la perpendiculaire. Son complément MO_2G est l'angle demandé.

66. Problème 12. *Déterminer l'angle de deux plans et les traces du plan bissecteur de cet angle.*

Si d'un point pris dans l'intérieur d'un dièdre on abaisse des perpendiculaires sur les faces, l'angle de ces perpendiculaires est le supplément de l'angle dièdre. On peut donc ramener la recherche de l'angle de deux plans à celle de l'angle de deux droites; mais il est plus simple d'employer le procédé qui va être indiqué.

On mène un plan perpendiculaire à l'intersection des deux plans : ce plan coupe les plans donnés suivant deux droites qui forment entre elles l'angle mesurant le dièdre, et l'on détermine cet angle au moyen d'un rabattement sur l'un des plans de projection.

Soient donc P'αP, Q'βQ (*fig.* 120) les deux plans dont on cherche l'angle; déterminons la projection horizontale *ab* de leur intersection. Un plan perpendiculaire à cette intersection a pour trace horizontale une droite *mn* perpendiculaire sur *ab*, et coupe les deux plans suivant deux droites de l'espace O*m*, O*n* formant avec *mn* un triangle dont l'angle en O est l'angle cherché. Si l'on imagine le point *i* de rencontre de *ab* avec *mn* joint au point O, la ligne *i*O est perpendiculaire sur *mn*, car *mn*, perpendiculaire sur *ab*, l'est sur le plan *b'ba*. Si donc le triangle *m*O*n* tourne autour de *mn* pour se rabattre sur le plan horizontal, *i*O s'appliquera sur *ia*. Il s'agit alors de déterminer la longueur de la ligne *i*O pour obtenir le rabattement du sommet du triangle. Or *i*O est perpendiculaire sur l'intersection des deux plans donnés puisque celle-ci l'est sur le plan *m*O*n* qui contient *i*O : donc si l'on fait tourner le plan *b'ba* autour de *ab* pour le rabattre sur le plan horizontal, le point *b'* viendra en *b'*₁, l'intersection sera rabattue en *b'*₁*a*, et la perpendiculaire *i*O suivant *i*O₂ perpendiculaire sur *b'*₁*a*. Prenant donc *i*O₁=*i*O₂ et joignant *m*O₁, *n*O₁, on a en *m*O₁*n* l'angle demandé.

La bissectrice O₁K de cet angle est située dans le plan bissecteur du dièdre des deux plans; comme elle a pour trace horizontale le point K, la trace horizontale du plan bissecteur passe par ce point, elle passe aussi par le point *a*; on l'obtiendra donc en joignant *a*K. Prolongeant cette ligne jusqu'à la rencontre de *xy* en γ et joignant γ*b'*, on a la trace verticale du plan bissecteur.

Cas particuliers 1° *Les traces horizontales ou verticales des deux plans sont parallèles.*

Supposons les traces horizontales αP, βQ (*fig.* 121) parallèles. L'intersection des deux plans est alors parallèle au plan horizontal, et tout plan perpendiculaire à cette intersection est un plan vertical. Supposons un tel plan mené par le point *a'* de rencontre des traces verticales : il coupe le plan vertical suivant une droite *a'a* perpendiculaire à la ligne de terre, et le plan horizontal suivant la ligne *ab* perpendiculaire aux traces des deux plans. Ses intersections *a'*K, *a'*G avec les plans donnés forment avec KG un triangle dont l'angle en *a'* est l'angle demandé. Rabattant le plan de ce triangle en le faisant tourner autour de KG pour le coucher sur le plan horizontal, le point a' vient en a'_1 et l'on a en Ga'_1K l'angle demandé.

La bissectrice de cet angle rencontre GK en I; I est donc un point de la trace horizontale du plan bissecteur, laquelle est d'ailleurs parallèle à celles des deux plans. On obtiendra donc les traces du plan bissecteur en menant $I\gamma$ parallèle à αP et joignant $\gamma a'$.

2° *Les traces des deux plans sont parallèles à la ligne de terre.*

Soient PP', QQ' les deux plans donnés (*fig.* 122). Le plan perpendiculaire à l'intersection est ici un plan de profil RR', car l'intersection est parallèle à la ligne de terre. On n'a qu'à déterminer les rabattements k'_1h, g'_1i de ses intersections $k'h$, $g'i$ avec les plans donnés, et l'on a en $k'_1O_1g'_1$ l'angle cherché.

La bissectrice mn'_1 de cet angle étant relevée, si l'on mène par ses traces m, n' des parallèles à la ligne de terre, on a les traces du plan bissecteur.

3° *Les deux plans ont même trace horizontale ou verticale.*

Soient P'αP, Q'αP les plans donnés (*fig.* 123) : la trace commune αP est leur intersection; l'ayant coupée par un plan perpendiculaire R'βR, on rabat ce plan sur le plan horizontal en le faisant tourner autour de βR et l'on détermine les rabattements Ok'_1, Og'_1 de ses intersections avec les plans donnés. On a ainsi en $k'_1Og'_1$ l'angle cherché.

La bissectrice Oi'_1 de cet angle relevée a pour trace verticale le point i' : la trace verticale du plan bissecteur est donc M'σ; quant à la trace horizontale, elle est αP.

4° *Les traces des deux plans se rencontrent au même point de la ligne de terre.*

Soient P'αP, Q'αQ (*fig.* 124) les plans donnés. On détermine la projection horizontale ab de l'intersection des deux plans (55. 4°), et l'on mène un plan perpendiculaire à cette intersection. Ce plan a pour trace horizontale γS perpendiculaire sur ab : il coupe l'intersection en un certain point O qui est le sommet de l'angle cherché, et les plans donnés suivant deux droites Om, On, qui en sont les côtés. La ligne de l'espace Oi, qui joint le point O au point i de rencontre de ab avec la trace γS, est perpendiculaire sur cette trace : dans le rabattement du plan γ sur le plan horizontal, elle se placera donc sur ab. Pour obtenir la longueur de Oi, comme elle est perpendiculaire sur l'intersection, on rabat celle-ci en faisant tourner son plan projetant horizontalement autour de αb : le point B de l'espace vient se placer en un point B_1 situé à l'extrémité d'une perpendiculaire bB_1 à αb et égale à $\beta b'$, et l'intersection prend la position αB_1. La perpendiculaire iO_2 abaissée sur αB_1 est le rabattement de la ligne Oi. Donc en prenant $iO_1 = iO_2$ et joignant mO_1, nO_1 on a en mO_1n l'angle demandé.

Sa bissectrice O_1G a pour trace horizontale le point G, donc αG est la trace horizontale du plan bissecteur. On obtient sa trace verticale en en déterminant un point que l'on joindra au point α. Pour cela, on mène par un des points (b, b') de l'intersection des plans donnés une horizontale $(bd, b'd')$ du plan bissecteur. Cette horizontale a pour trace verticale le point d' ; la droite $\alpha d'$ est donc la trace verticale du plan bissecteur.

PROJECTIONS DES CORPS.

67. Problème 1. *Construire les projections d'un cube.*

1° *Le cube repose sur le plan horizontal de projection.*

La projection horizontale est un carré ABCD (*fig.* 125) égal à l'une des faces du cube. Les arêtes latérales, perpendiculaires au plan horizontal, se projettent verticalement en vraie grandeur suivant des perpendiculaires $b'g'$, $a'e'$, $c'f'$, $d'k'$ à la ligne de terre. La base supérieure du cube se confond en projection horizontale avec la base inférieure ABCD, et se projette verticalement suivant une droite $g'k'$ parallèle à la ligne de terre, puisqu'elle est parallèle au plan horizontal.

L'arête AE du cube est cachée pour un observateur placé sur le plan horizontal en avant de la figure et regardant le plan vertical. C'est pour cela que sur l'épure la projection verticale de cette arête est ponctuée.

A ce sujet, nous ferons les observations suivantes :

Lorsque l'on projette un corps sur le plan horizontal, les lignes pleines de la projection sont les arêtes ou lignes du corps qui seraient visibles pour un observateur placé au-dessus du plan horizontal à une distance de ce plan infiniment grande, de telle sorte que les rayons visuels qu'il mène aux différents points de la figure soient parallèles aux projetantes de ces points.

De même, pour déterminer les lignes pleines de la projection verticale, on suppose l'observateur placé en avant du plan vertical à une distance infinie, de telle sorte que les rayons visuels qu'il envoie soient parallèles aux projetantes des différents points de la figure sur le plan vertical.

Les points visibles sur la projection horizontale sont donc généralement les plus élevés au-dessus du plan horizontal, et ceux visibles sur la projection verticale sont les plus éloignés du plan vertical. Ceci peut servir de guide pour reconnaître les lignes visibles des projections d'une figure. Il est bon encore de remarquer que le contour apparent d'une figure est toujours formé de lignes pleines, et que s'il s'agit d'un solide ayant deux bases, la base la plus élevée au-dessus du plan horizontal est entièrement visible en projection horizontale.

2° *Le cube repose sur un plan perpendiculaire à l'un des plans de projection.*

Soit (*fig.* 126) P'αP le plan perpendiculaire au plan vertical sur lequel le cube repose par l'une de ses faces ABCD. Imaginons que ce plan ayant tourné autour de sa trace αP pour se rabattre sur le plan horizontal, la face ABCD ait pris la position $A_1B_1C_1D_1$. Déterminons, au moyen de la construction indiquée plus haut (52 1°), les projections a, a' du sommet rabattu en A_1, et ayant prolongé A_1B_1, A_1D_1 jusqu'à leurs rencontres en M et N avec la trace αP, joignons Ma, Na. Ces droites sont les projections horizontales des lignes B_1M, D_1N et doivent, par conséquent, contenir les projections des sommets rabattus en B_1, D_1. Comme, d'autre part, ces projections doivent se trouver sur les perpendiculaires menées des points B_1, D_1 sur αP, elles sont situées aux points b, d où ces perpendiculaires rencontrent les droites Ma, Na prolongées. Si maintenant nous menons bc, dc respectivement parallèles à ad, ab, nous aurons en *abcd* la projection horizontale de la face du cube rabattue en $A_1B_1C_1D_1$, car les projections sur un même plan de deux droites parallèles sont parallèles. Les projections verticales des points A, B, C, D étant

situées en a', b', c', d' sur la trace αP' du plan donné, la face
ABCD a pour projection verticale la droite $a'c'$.

Les arêtes latérales du cube sont perpendiculaires sur le plan
P'αP et parallèles au plan vertical, elles se projettent donc sur ce
dernier en vraie grandeur suivant les perpendiculaires $a'e'$, $b'f'$,
$c'h'$, $d'g'$ à la trace αP' et la base supérieure du cube a pour projection verticale la droite $e'h'$ qui joint leurs extrémités. Il ne
reste donc plus qu'à déterminer la projection horizontale des
arêtes et de la base supérieure du solide. Pour cela, comme les
projections des arêtes sont dirigées suivant les perpendiculaires
menées des points a, b, c, d, sur la trace αP, il suffira d'abaisser des points e', f', g', h', des perpendiculaires sur ces droites,
ou encore, ayant abaissé $e'e$ perpendiculaire sur xy jusqu'à la
rencontre de A$_1a$ en e, de mener ef parallèle à ab puis eg parallèle à ad et enfin fh et gh respectivement parallèles à bc et cd. La
figure $efgh$, ainsi formée, est la projection horizontale de la base
supérieure du cube, et les droites ae, bf, ch, dg sont celles des
arêtes latérales.

Nota. On peut, au lieu d'employer le procédé qui a été indiqué pour obtenir les projections des sommets rabattus en B$_1$, D$_1$,
relever ces sommets au moyen de constructions analogues à celle
qui a donné les projections du sommet A.

3° *Le cube repose sur un plan quelconque.*

Supposons que la figure A$_1$B$_1$C$_1$D$_1$ (*fig.* 127) soit le rabattement
sur le plan horizontal de la face ABCD du cube qui repose sur le
plan P'αP et déterminons, au moyen de la construction connue
(52. 2°), les projections a, a' du point A, puis, en employant
la même méthode que dans l'épure précédente, les projections
horizontales b, d, des sommets B, D. En menant bc, dc respectivement parallèles à ad, ab, nous aurons en $abcd$ la projection horizontale de la face ABCD. Déterminant maintenant, comme l'indique la
figure, les directions des projections verticales des côtés AB, AD
de cette face, nous obtiendrons, au moyen des perpendiculaires
abaissées sur la ligne de terre des points b et d, les projections
verticales $a'b'$, $a'd'$ des côtés AB, AD, et nous achèverons la projection verticale de la face ABCD au moyen des parallèles $b'c'$, $d'c'$
menées à $a'd'$, $a'b'$.

Les arêtes latérales du cube sont perpendiculaires au plan P'αP : leurs projections sont donc perpendiculaires sur les traces de ce plan et, pour avoir les projections de l'extrémité de l'une d'elles, il suffira de résoudre le problème qui consiste à déterminer les projections d'un point d'une droite distant d'une longueur donnée d'un autre point pris sur cette droite (20). On obtient ainsi les projections e, e' de l'extrémité de l'arête partant du point B, et la construction s'achève en prenant sur les projections des autres arêtes des longueurs respectivement égales à be et $b'e'$, et en joignant les points obtenus.

Nota. Les points rabattus en B_1, D_1 pourraient être relevés au moyen de constructions analogues à celle qui a servi pour le point A. On pourrait encore, pour relever ces différents sommets, employer la méthode des horizontales (52. 2". 2ᶜ Méthode).

68. Probleme 2. *Construire les projections d'un prisme.*
Nous examinerons seulement le cas où le prisme repose par l'une de ses bases sur un plan quelconque.
Supposons qu'il s'agisse d'un prisme droit ayant pour base un hexagone régulier, lequel, rabattu sur le plan horizontal, a pris la position $A_1B_1C_1D_1E_1F_1$ (*fig* 128). On déterminera les projections $abcdef$, $a'b'c'd'e'f'$ de cette base en relevant les sommets au moyen de l'un des procédés indiqués plus haut (52). Dans l'épure actuelle, on a adopté la méthode des horizontales. Pour obtenir les projections des arêtes latérales, comme le prisme est droit, on mènera des perpendiculaires sur les traces du plan P'αP, et l'on cherchera les projections i, i' de l'extrémité de l'une d'elles à l'aide du Problème 4 (20). On achèvera enfin les projections du solide soit en prenant sur les projections de toutes les arêtes des longueurs égales à ci pour les unes, $c'i'$ pour les autres et joignant les extrémités, soit encore en formant les hexagones, qui sont les projections de la base supérieure, au moyen de parallèles menées des points i, i' aux côtés des figures $abcdef$, $a'b'c'd'e'f'$.

69. Problème 3. *Construire les projections d'une pyramide.*
1° *La pyramide repose par sa base sur le plan horizontal de projection.*
Soient données la base ABCDE d'une pyramide reposant sur

le plan horizontal et les longueurs des arêtes SA, SB, SC (*fig.* 129). Si des points A et B comme centres avec SA et SB pour rayons on décrit deux arcs de cercles qui se coupent en S_1, on a en ce point un rabattement du sommet S de la pyramide sur le plan horizontal, la face SAB étant censée avoir tourné autour de AB. En décrivant de même des points B et C comme centres avec SB, SC comme rayons deux autres arcs de cercle, on a en S_2 un second rabattement du sommet S. La projection horizontale de ce sommet est donc au point s où se rencontrent les perpendiculaires abaissées des points S_1 et S_2 sur AB et BC (50. Remarque). Pour déterminer la projection verticale du sommet, on remarquera qu'il est situé à une distance Ss du plan horizontal égale à l'un des côtés de l'angle droit d'un triangle rectangle ayant Sg pour l'autre côté de l'angle droit et $g$$S_2$ pour hypoténuse. On aura donc cette projection s' en menant par le point s une parallèle Sg_1 à xy, prenant $sg_1 = sg$, abaissant $g_1 g'_1$ perpendiculaire sur xy et décrivant du point g'_1 comme centre avec $g$$S_2$ comme rayon un arc de cercle qui coupe la perpendiculaire ss' à la ligne de terre au point s'; Il ne reste plus alors qu'à projeter A, B, C, D, E en a', b', c', d', e' et qu'à joindre sA, sB... sE d'une part, $s'a'$, $s'b'$... $s'e'$ de l'autre. On a ainsi les projections de la pyramide.

2° *La pyramide repose par sa base sur un plan perpendiculaire à l'un des plans de projection.*

Soit P'αP (*fig.* 130) le plan sur lequel repose la base de la pyramide que nous supposerons triangulaire. Imaginons cette base rabattue sur le plan horizontal en $A_1 B_1 C_1$ et le pied de la hauteur du solide (supposée connue) rabattu également en O_1. Nous déterminerons, comme nous l'avons fait pour le cube (67. 2°), les projections $a'b'c'$, abc de la base et celles o, o' du pied de la hauteur. Cette dernière est ici parallèle au plan vertical et s'y projette par suite en vraie grandeur. En menant donc $o's'$ perpendiculaire sur αP', os perpendiculaire sur αP, prenant $o's'$ égale à la hauteur donnée et abaissant $s's$ perpendiculaire sur xy, nous aurons en s', s les projections du sommet de la pyramide. Les projections du solide sont ainsi $s'a'b'c'$, $sabc$.

3° *La pyramide repose par sa base sur un plan quelconque.*

Soient P'αP (*fig.* 131) le plan sur lequel repose la base de la pyramide supposée triangulaire, et $A_1B_1C_1$ le rabattement de cette base sur le plan horizontal. On déterminera d'abord le rabattement O_1 du pied de la hauteur de la pyramide. (Cette détermination varie suivant les données. Ainsi, si l'on connaît les arêtes latérales de la pyramide, on opère comme dans le premier cas de la question actuelle, et l'on obtient non-seulement le pied de la hauteur, mais cette hauteur elle-même en vraie grandeur.) On obtient ensuite, comme dans le cas du cube (67. 3°), les projections abc, $a'b'c'$ de la base et celles o, o' du pied de la hauteur. Comme celle-ci est perpendiculaire au plan, ses projections sont des perpendiculaires aux traces du plan. On détermine sur ces droites les projections s, s' d'un point dont la distance au point (o, o') est égale à la hauteur du solide (20). Joignant enfin sa, sb, sc, $s'a'$, $s'b'$, $s'c'$ on a les projections de la pyramide.

70. Problème 4. *Construire les projections d'un cylindre droit à base circulaire.*

1° *Le cylindre repose par l'une de ses bases sur le plan horizontal de projection.*

On voit immédiatement que dans ce cas (*fig.* 132) sa projection horizontale est le cercle de base lui-même et sa projection verticale un rectangle $a'b'c'd'$ ayant pour base le diamètre du cercle et pour hauteur celle du cylindre.

2° *Le cylindre repose par l'une de ses bases sur un plan perpendiculaire à l'un des plans de projection.*

La base inférieure rabattue en O_1 (*fig.* 133), a pour projection horizontale une ellipse dont le grand axe ab est la projection du diamètre rabattu en A_1B_1 parallèlement à αP et dont le petit axe cd est la projection d'un diamètre C_1D_1 perpendiculaire au premier. La projection verticale de la base est la droite $c'd'$. Les génératrices du cylindre se projettent verticalement suivant des perpendiculaires à $\alpha P'$, et en vraie grandeur ; horizontalement suivant des parallèles à xy. Enfin la base supérieure a pour projection horizontale une ellipse égale à $abcd$ et pour projection verticale la droite $m'n'$ parallèle à $c'd'$.

3° *Le cylindre repose par sa base sur un plan quelconque.*

On relève (54) le cercle de base rabattu en O_1 (*fig.* 134). En o, o' on élève des perpendiculaires sur les traces correspondantes du plan, puis on détermine les projections (m,m') d'un point dont la distance au point (o,o') est égale à la hauteur du cylindre (20). Les points m,m' sont les centres d'ellipses respectivement égales à celles déjà tracées et qui sont les projections de la base supérieure du cylindre. Enfin on achève les projections demandées en joignant les extrémités des grands axes des ellipses tracées sur le même plan de projection. La figure donne l'indication sommaire de l'épure.

71. Problème 5. *Construire les projections d'un cylindre oblique à base circulair* .

Supposons la base placée sur le plan horizontal (*fig.* 135) et soient $(ab,a'b')$ les projections de l'axe du cylindre. La base supérieure se projette sur le plan horizontal suivant un cercle égal à celui de la base inférieure ayant b pour centre, et verticalement suivant une parallèle à xy menée par le point b' égale au diamètre du cercle. Projetant les extrémités du diamètre CD parallèle à xy en c' et d' et joignant $c'e',d'f'$ on a en $c'd'e'f'$ la projection verticale du cylindre. La projection horizontale s'achève en menant des tangentes communes aux deux cercles ayant pour centres a et b.

72. Problème 6. *Déterminer les projections d'un cône droit à base circulaire.*

La marche à suivre étant absolument la même que dans les problèmes qui précèdent, nous nous contentons d'indiquer très-sommairement l'épure à l'aide de la figure 136 en supposant que le cône repose par sa base sur un plan quelconque P'αP.

SECTIONS PLANES DES POLYÈDRES.

73. Problème 1. *Construire les projections et la vraie grandeur de la section faite dans la pyramide* SABCD *par le plan* P'αP *perpendiculaire au plan vertical de projection (fig.* 137).

Le plan P'αP étant perpendiculaire au plan vertical, coupe les arêtes de la pyramide en des points qui se projettent verticalement en m',n',r',t', et horizontalement aux points m,n,r,t, où les projections horizontales des arêtes sont rencontrées par les perpendiculaires menées des points m', n', r', t' sur la ligne de terre. En joignant donc mn, nr, rt, tm, on a la projection horizontale de la section dont la projection verticale est la droite $m'n'r't'$.

Si maintenant on fait tourner le plan P'αP autour de αP pour le rabattre sur le plan horizontal et qu'on détermine les rabattements des sommets de la section, on a en joignant ces sommets rabattus la figure $M_1N_1R_1T_1$ qui est la vraie grandeur de la section.

74. Problème 2. *Construire les projections et la vraie grandeur de la section faite dans la pyramide SABCD par le plan P'αP oblique aux plans de projection. (Fig. 138).*

On pourrait déterminer successivement l'intersection du plan avec chacune des arêtes de la pyramide (56) et joindre entre eux les points obtenus, mais il est plus simple d'opérer comme il suit.

On commence par déterminer l'intersection du plan avec l'une des arêtes $(sA, s'a')$ par exemple; on obtient ainsi le point $(g.g')$ qui est commun au plan sécant et à chacune des deux faces SAB, SAD de la pyramide. Or si l'on prolonge AB jusqu'à sa rencontre en M avec la trace αP, le point M est la trace horizontale de l'intersection du plan de la face SAB avec le plan P'αP, on a donc en joignant Mg la projection horizontale de cette intersection; donc gi est la projection horizontale de la droite suivant laquelle le plan P'αP coupe la face SAB. Prolongeant maintenant DA jusqu'à la rencontre de αP en N, et CB jusqu'à sa rencontre en L avec la même droite αP, on obtient de même en joignant Ng, Li les projections horizontales des intersections des faces SAD, SBC avec le plan sécant. Joignant enfin hk, on a en $ghki$ la projection horizontale de la section. On obtient les projections verticales des points G, H, K, I, en élevant en g, h, k, i, des perpendiculaires sur xy jusqu'à la rencontre des projections verticales des arêtes de la pyramide. Joignant les points obtenus, on a en $g'h'k'i'$ la projection verticale de la section.

Le rabattement des sommets de cette section étant effectué comme l'indique la figure sur le plan horizontal, on a en $G_1H_1I_1K_1$ la vraie grandeur de la section.

75. Les deux problèmes qui précèdent suffisent pour indiquer

la marche à suivre lorsque l'on veut déterminer la section faite
dans un polyèdre par un plan. On voit qu'on obtient cette section
en cherchant les intersections du plan avec chacune des arêtes
du polyèdre, ou encore en construisant les intersections du plan
sécant avec les différentes faces du polyèdre.

76. Remarque. On peut encore, pour déterminer la projection d'un premier point commun au plan sécant et à l'une des
faces du solide, employer le procédé suivant.

Soient la pyramide SABCD (*fig.* 139) et le plan sécant P'αP.
Ayant prolongé la trace horizontale de l'une des faces, SAB par
exemple, jusqu'à la rencontre en M avec αP, on a en M un point
commun au plan P'αP et au plan de la face SAB. Pour en trouver
un second, on mène un plan quelconque R'T' parallèle au plan
horizontal; ce plan coupe le plan P'αP suivant une droite qui se
projette horizontalement suivant rt parallèle à αP, et coupe l'arête
SA en un point (o, o'); en menant par le point o la ligne ef parallèle à
AB, on a la projection horizontale de l'intersection du plan R'T'
avec le plan de la face SAB. Il en résulte que le point f où cette
droite rencontre rt est la projection horizontale d'un point appartenant aux trois plans P'αP, R'T' et SAB, par suite d'un point de
l'intersection du plan P'αP avec la face SAB. Joignant Mf, cette ligne
est la projection horizontale de l'intersection de la face SAB avec le
plan P'αP. On détermine ensuite les autres côtés de la section, soit
par le même procédé, soit comme on l'a fait plus haut (74). On n'a
pas figuré sur l'épure les autres côtés de la section.

SECONDE PARTIE.

CHANGEMENTS DE PLANS DE PROJECTION.

77. La résolution d'un problème se trouve souvent simplifiée lorsque les données occupent par rapport aux plans de projection certaines positions particulières. Il est donc avantageux dans un grand nombre de cas de changer de plans de projection. Les nouveaux plans étant choisis commodément en vue de la question que l'on a à traiter, on détermine les projections des données sur ces plans, puis on résout le problème et l'on n'a plus qu'à déterminer ce que deviennent les projections des résultats lorsque l'on revient aux plans de projection primitifs.

Cette méthode conduit à résoudre les problèmes qui suivent.

78. Problème I. *Étant données les projections d'un point, déterminer ce qu'elles deviennent lorsque l'on change l'un des plans de projection.*

1° On remplace le plan horizontal par un plan qui lui est parallèle.

Soient (*fig.* 140) xy la ligne de terre et a, a' les projections d'un point. Supposons que l'on prenne un nouveau plan horizontal distant du premier d'une longueur $\alpha\beta$: la ligne de terre devient $x'y'$. Le plan vertical restant le même, la projection verticale a' ne change pas, et d'autre part la distance du point A de l'espace au plan vertical ne varie pas, de telle sorte que la projection horizontale de ce point doit rester à la même distance de la ligne de terre. Or celle-ci est actuellement $x'y'$: on a donc la nouvelle projection horizontale a'' en prenant $\beta a'' = \alpha a$.

2° *On remplace le plan vertical par un plan qui lui est parallèle.*

Soient (*fig.* 141) xy la ligne de terre et a, a' les projections d'un point. Si l'on prend un nouveau plan vertical parallèle au premier et coupant le plan horizontal suivant $x'y'$, on voit facilement que la projection horizontale du point reste en a et que la projection verticale a'' s'obtient en prenant $\beta a'' = \alpha a'$.

En résumé, dans les deux cas qui précèdent, tout se réduit à un déplacement de la projection de même nom que le plan que l'on change, déplacement qui la porte à une distance de l'ancienne projection égale à la distance de la première ligne de terre à la nouvelle.

3° *On remplace le plan vertical de projection par un nouveau plan vertical formant avec le premier un angle quelconque.*

Soient (*fig.* 142) xy la ligne de terre et a, a' les projections d'un point. Prenons un nouveau plan vertical de projection formant avec le premier un angle γ : la nouvelle ligne de terre est une droite $x'y'$ faisant un angle γ avec xy. La projection a ne change pas ; la nouvelle projection verticale vient donc se placer sur une perpendiculaire à la ligne de terre $x'y'$ abaissée du point a et à une distance $\beta a'' = \alpha a'$, car la distance du point de l'espace au plan horizontal n'a pas varié.

79. Problème 2. *Étant données les projections d'une droite, déterminer ce qu'elles deviennent lorsque l'on change l'un des plans de projection.*

Il suffit pour résoudre le problème de chercher ce que deviennent les projections de deux des points de la droite et de joindre entre elles les nouvelles projections.

80. Problème 3. *Étant données les traces d'un plan, déterminer ce qu'elles deviennent lorsque l'on change l'un des plans de projection.*

1° Lorsque l'on remplace l'un des plans de projection par un plan qui lui est parallèle, la trace de même nom du plan donné se déplace parallèlement à elle-même tandis que l'autre trace conserve sa position. Ainsi (*fig.* 143 et 144) xy étant la ligne de terre et $P'\alpha P$ le plan donné, les traces deviennent $P'\beta P''$ ou $P''\beta P$ suivant qu'on a pris un nouveau plan de projection parallèle au plan horizontal ou parallèle au plan vertical.

2° Le plan horizontal restant le même, supposons maintenant que l'on prenne pour plan vertical de projection un plan formant avec le premier plan vertical un certain angle, et soit $x'y'$ la nouvelle ligne de terre (*fig.* 145). La trace horizontale du plan donné P'αP est toujours αP et le point β où elle rencontre $x'y'$ appartient à la nouvelle trace verticale. Or la trace du nouveau plan vertical sur l'ancien est γM perpendiculaire sur xy : le point M situé sur cette trace et sur αP' est donc un point appartenant au plan donné et au nouveau plan vertical. Dans le rabattement de ce dernier sur le plan horizontal, γM prend la position γm' perpendiculaire sur $x'y'$ et le point M vient en m'. Joignant donc βm', on a la trace verticale demandée.

81. *Remarque.* Si l'on remplace le plan horizontal par un autre plan perpendiculaire au plan vertical, les constructions à faire sont entièrement analogues à celles que nous venons d'indiquer pour le cas où l'on substitue au plan vertical un autre plan vertical formant avec le premier un angle quelconque.

82. Lorsque l'on veut changer les deux plans de projection, on opère les changements successivement à l'aide des problèmes qui viennent d'être résolus.

83. **Applications.** 1° *Étant donnés un point* (o,o') *et une droite* $(ab, a'b')$, *abaisser du point une perpendiculaire sur la droite* (*fig.* 146).

On prendra un nouveau plan vertical de projection parallèle à la droite donnée; la nouvelle ligne de terre $x'y'$ sera alors parallèle à la projection horizontale ab, et l'on déterminera les nouvelles projections verticales $a''b''$ et o'' de la droite et du point donnés. Ceci fait, pour résoudre le problème il suffira d'abaisser $o''g''$ perpendiculaire sur $a''b''$, puis $g''g$ perpendiculaire sur $x'y'$ jusqu'à la rencontre de ab et de joindre og (27) ; les droites $o''g''$, og seront les projections de la perpendiculaire demandée par rapport au nouveau plan vertical. Pour revenir à l'ancien, on abaissera gg' perpendiculaire sur xy jusqu'à la rencontre de $a'b'$ en g'; on joindra $o'g'$ et l'on aura enfin en og, $o'g'$ les projections de la perpendiculaire demandée.

2° *Construire les projections d'un solide, un prisme triangulaire droit par exemple, dont la base repose sur le plan bissecteur du 1er dièdre.*

Soit $A_1B_1C_1$ (*fig.* 147), la base du prisme supposée rabattue sur le plan horizontal. Prenons pour nouveau plan vertical de projection un plan perpendiculaire à la ligne de terre ; les traces du plan bissecteur par rapport au nouveau système de plans de projection seront la ligne de terre xy et une droite $\alpha P'$ bissectrice de l'angle formé par xy avec la nouvelle ligne de terre $x'y'$. La question se trouve alors ramenée à projeter un solide dont la base est placée sur un plan perpendiculaire au plan vertical de projection, question qui a été résolue plus haut (67, 2°). Ayant fait les constructions, on obtient pour projection horizontale $abcghk$ et pour projection verticale $a''b''c''g''h''k''$, et il ne reste plus qu'à chercher ce que devient cette dernière lorsque l'on retourne à l'ancien plan vertical de projection. On trouve ainsi la figure $a'b'c'g'h'k'$. Les projections demandées sont donc $abcghk$, $a'b'c'g'h'k'$.

3° *Déterminer les projections de la section faite dans un solide une pyramide par exemple, par un plan quelconque.*

Soient (*fig.* 148) SABCD la pyramide et P'αP le plan donnés. Prenons un nouveau plan vertical de projection coupant la trace horizontale αP du plan donné suivant une perpendiculaire $x'y'$ qui sera la nouvelle ligne de terre. Projetons ensuite la pyramide en $s''a''b''c''d''$ sur le nouveau plan vertical choisi et déterminons la trace verticale $\beta P''$ du plan sécant sur le nouveau plan. Nous sommes alors ramenés à déterminer les projections de la section faite dans une pyramide par un plan perpendiculaire au plan vertical de projection (73). Nous trouvons ainsi pour ces projections $efgh$, $e''f''g''h''$. La projection verticale $e''f''g''h''$ ramenée sur le plan vertical primitif y devient $e'f'g'h'$ et le problème est ainsi résolu.

On voit par les applications qui précèdent, le parti que l'on peut tirer des changements de plans de projection pour simplifier la résolution de certains problèmes.

MOUVEMENTS DE ROTATION.

84. Au lieu de changer les plans de projection afin de donner aux éléments d'une question des positions plus commodes pour la résolution du problème, on peut encore conserver ces plans et faire tourner les données de la question d'un certain angle autour d'un axe convenablement choisi de manière à les amener dans les positions voulues, puis résoudre le problème et faire tourner les résultats en sens contraire pour les amener dans la position qu'ils doivent occuper, eu égard aux positions premières des données.

Cette méthode conduit à résoudre les problèmes suivants :

85. Problème 1. *Étant données les projections d'un point, déterminer la position qu'elles prennent lorsqu'on fait tourner le point d'un certain angle autour d'un axe donné.*

1° *L'axe est vertical.*

Soient (*fig.* 149) $(a,a'b')$ et (o,o') les projections de l'axe et celles du point donné. En tournant autour de l'axe, le point décrit un arc de cercle dont le rayon est une droite perpendiculaire sur l'axe et par suite parallèle au plan horizontal ; ce rayon se projette donc horizontalement en vraie grandeur suivant oa. De même, l'arc que décrit le point donné se projette horizontalement en vraie grandeur et verticalement suivant $o'm'$ parallèle à la ligne de terre. Si donc du point a comme centre avec ao comme rayon on décrit un arc de cercle et que l'on mène ao_1 formant avec ao et dans le sens de la rotation un angle égal à celui dont on suppose que le point a tourné, on aura en o_1 la nouvelle projection horizontale de celui-ci. La projection verticale o'_1 est à la rencontre de $o'm'$ avec la perpendiculaire abaissée du point o_1 sur xy.

2° *L'axe est horizontal.*

Si d'abord cet axe est en même temps perpendiculaire au plan vertical, la marche à suivre est absolument la même que celle du cas précédent.

Supposons maintenant que l'axe étant horizontal ne soit pas en même temps perpendiculaire au plan vertical de projection.

Soient $(ab, a'b')$ et (o, o') l'axe et le point donnés (*fig.* 150). Le point en tournant décrit un arc de cercle dont le plan perpendiculaire à l'axe, a pour trace horizontale og perpendiculaire sur ab. Le rayon de ce cercle est une perpendiculaire menée sur la droite AB de l'espace par le point O. Cette perpendiculaire est l'hypoténuse d'un triangle rectangle ayant pour côtés de l'angle droit une ligne égale à og et une seconde ligne égale à $o'm'$, laquelle n'est autre qu'une perpendiculaire qui serait abaissée du point O de l'espace sur le plan horizontal passant par $a'b'$. Pour avoir le rayon du cercle décrit par le point donné, on mènera donc $oo_2 = o'm'$ perpendiculaire à og et l'on joindra $o_2 g$. Décrivant ensuite du point g comme centre avec go_2 comme rayon, un arc de cercle capable de mesurer l'angle dont on suppose que le point a tourné, on obtient un point o_3 duquel on abaisse $o_3 o_1$ perpendiculaire sur og. Le point o_1 est la nouvelle projection horizontale du point O. On a sa projection verticale o'_1 en abaissant du point o_1 une perpendiculaire sur la ligne de terre et prenant $o'_1 m'_1 = o_3 o_1$.

Dans la figure 151, on a supposé que le point O a tourné de manière à se placer dans le plan horizontal passant par l'axe $(ab, a'b')$. Ses projections, après la rotation, sont o_1, o'_1.

3° *L'axe est parallèle au plan vertical de projection.*
La marche à suivre est la même que dans le cas précédent.

4° *L'axe est quelconque.*

On peut alors au moyen d'un changement de plans, l'amener à être perpendiculaire ou parallèle à l'un des plans de projection, et l'on retombe ainsi dans l'un des cas précédents.

On peut encore mener par le point que l'on veut faire tourner un plan perpendiculaire sur l'axe, rabattre ce plan sur l'un des plans de projection, puis décrire sur le plan rabattu l'arc dont on veut faire tourner le point et relever enfin l'extrémité de cet arc.

86. Problème 2. *Étant données les projections d'une droite, déterminer la position qu'elles prennent lorsqu'on fait tourner la droite d'un certain angle autour d'un axe donné.*

On fait tourner successivement deux des points de la droite et l'on joint par des lignes droites les nouvelles projections obtenues.

87. Problème 3. *Étant données les traces d'un plan, déterminer la position qu'elles prennent lorsqu'on fait tourner le plan d'un certain angle autour d'un axe donné.*

Il suffit pour résoudre le problème, de faire tourner une droite et un point situés dans le plan donné, et de déterminer les traces du plan passant par la droite et le point dans leurs nouvelles positions.

88. Applications. On peut utiliser la méthode des mouvements de rotation pour résoudre les problèmes dont les données sont contenues dans un même plan.

On mène une horizontale du plan passant par les données, et l'on fait tourner le plan qui contient ces données autour de l'horizontale de manière à l'amener à être parallèle au plan horizontal de projection. Dans cette position, les figures qu'il renferme se projettent horizontalement en vraie grandeur. On peut donc effectuer sur le plan horizontal les constructions nécessaires pour résoudre le problème et chercher ensuite ce que deviennent les résultats lorsque le plan tourne pour reprendre sa position normale.

Exemple. *Étant donnés une droite* $(ab, a'b')$ *et un point* (o,o') *(fig. 152), mener par le point une perpendiculaire sur la droite.*

Menons par le point o' la droite $o'm'$ parallèle à xy; abaissons du point m', où elle rencontre $a'b'$, la perpendiculaire $m'm$ sur la ligne de terre et joignons mo. Nous avons en $(mo, m'o')$ une horizontale du plan passant par la droite et le point donnés. Si nous faisons tourner le plan autour de l'horizontale pour l'amener à être parallèle au plan horizontal de projection, les projections des points (o,o') (m,m') situés sur l'axe ne changent pas de position, et les projections d'un point quelconque (g,g') pris sur la droite $(ab,a'b')$ deviennent $g_1 g'_1$ (85, 2°, *fig.* 151). La droite donnée a donc actuellement $g_1 m$ pour projection horizontale. Abaissons oh_1 perpendiculaire sur $g_1 m$, nous avons la projection horizontale en vraie grandeur de la perpendiculaire demandée. Lorsque le plan que nous avons fait tourner tourne de nouveau en sens contraire pour reprendre sa position primitive, le point H de l'espace décrit un arc du cercle dont le plan perpendiculaire au plan horizontal a pour trace horizontale la ligne h_1h perpendiculaire sur om. Ce point H a donc sa projection horizontale sur h_1h et comme d'ailleurs il appartient à la droite donnée, cette projection se trouve en h où la droite h_1h rencontre ab. Menant alors hh' perpendiculaire sur xy jusqu'à la rencontre de $a'b'$ et joignant oh, $o'h'$ nous avons les projections de la ligne demandée.

Nous traiterons encore le problème suivant comme application de la méthode des mouvements de rotation.

Problème. *Étant donnés les projections du centre et le rayon d'un cercle dont le plan, perpendiculaire au plan vertical, est incliné sur le plan horizontal d'un angle donné α, construire les projections de ce cercle.*

Soient (*fig.* 153) o, o' les projections du centre du cercle. Imaginons que le plan de ce cercle tourne d'un angle α autour d'un axe passant par le centre et perpendiculaire au plan vertical de projection. Après la rotation, le cercle devient parallèle au plan horizontal et s'y projette en vraie grandeur. On aura donc sa projection horizontale en décrivant une circonférence du point o comme centre avec le rayon donné. Quant à la projection verticale, elle est une droite $a''b''$ parallèle à xy et égale au diamètre donné. Si l'on fait maintenant tourner tous les points du cercle pour les ramener dans leurs positions normales, l'un quelconque d'entre eux (m_1m'') aura après la rotation pour projections (m, m'). La construction qui donne ces projections étant appliquée à autant de points que l'on voudra, on n'aura plus qu'à joindre par un trait continu les projections horizontales obtenues pour avoir la projection horizontale du cercle, laquelle est une ellipse ayant pour grand axe le diamètre du cercle et pour petit axe ab. La projection verticale est la droite $a'b'$ égale au diamètre et formant avec xy un angle égal à α.

PROBLÈMES.

89. Problème 1. *Mener par un point donné une droite qui fasse avec les plans de projection des angles donnés.*

Supposons d'abord le point donné situé sur l'un des plans de projection, le plan vertical, par exemple, et soit A ce point (*fig.* 154). Soient α et β les angles que la droite demandée doit former avec le plan horizontal et avec le plan vertical.

Le problème étant supposé résolu, soient ab, Ab' les projections de la droite et b sa trace horizontale. Si du point a comme centre avec ab comme rayon on décrit un arc de cercle jusqu'à la rencontre de la ligne de terre en b_1 et que l'on joigne Ab_1, l'angle Ab_1a est égal à l'angle α; car le triangle auquel il appartient n'est autre que le triangle Aba de l'espace rabattu sur le plan vertical. Si maintenant on décrit sur Ab_1 comme diamètre, une demi-circonférence, que l'on mène Ab'_1 faisant avec Ab_1 un angle égal à l'angle β et que l'on joigne b'_1b_1, le triangle Ab'_1b_1 est égal au triangle de l'espace Abb' et par suite $Ab'_1 = Ab'$. De là résulte la construction suivante pour résoudre le problème.

On abaisse du point A donné (*fig.* 155) la perpendiculaire Aa sur xy, on mène Ab_1 faisant avec Aa un angle complémentaire de l'angle α, et du point a comme centre avec ab_1 comme rayon on décrit un cercle. Ensuite sur Ab_1 comme diamètre, on décrit une demi-circonférence, et l'on mène la droite Ab'_1 faisant avec Ab_1 un angle égal à l'angle β. On décrit du point A comme centre avec Ab'_1 comme rayon un arc de cercle, et aux points où cet arc de cercle coupe xy, on élève des perpendiculaires à cette ligne jusqu'à leur rencontre avec la première circonférence. Les points b de rencontre sont les traces horizontales de droites répondant à la question et dont il est dès lors facile de construire les projections.

Lorsque la ligne Ab'_1 est plus grande que Aa, il y a quatre solutions, et deux seulement, situées dans un plan de profil, lorsque $Ab'_1 = Aa$. Enfin lorsque Ab'_1 est moindre que Aa le problème est impossible. Or si l'on suppose $Ab'_1 = Aa$, les deux triangles rectangles Ab'_1b_1 et Ab_1a sont égaux et l'angle $\alpha = b'_1b_1A = 90° - \beta$. Lorsque β est moindre que le complément de α, la corde Ab'_1 devient plus grande que Aa, et l'arc de cercle ayant cette corde pour rayon coupe xy en deux points. Lorsqu'au contraire β est plus grand que le complément de α, la corde Ab'_1 devient moindre que Aa et l'arc de cercle ayant cette corde pour rayon ne coupe plus xy.

En résumé donc : pour $\alpha + \beta < 90°$ il y a quatre solutions ;
pour $\alpha + \beta = 90°$ il y en a deux ;
pour $\alpha + \beta > 90°$ le problème est impossible.

Lorsque le point donné n'est pas sur l'un des plans de projection, on commence par résoudre le problème en prenant un point à volonté sur le plan horizontal ou vertical. On mène ensuite par le point donné des parallèles aux droites trouvées, et ce sont les lignes demandées.

90. Problème 2. *Mener par un point un plan qui fasse avec les plans de projection des angles donnés.*

Supposons d'abord le point donné situé en A sur le plan vertical (*fig.* 156), et soit un plan P′γP satisfaisant à la question, c'est-à-dire faisant avec le plan horizontal un angle α donné et avec le plan vertical un angle β également donné. Abaissons Aa perpendiculaire sur xy et ad perpendiculaire sur γP. Le triangle de l'espace Aad a son angle en d égal à l'angle α, et il peut être rabattu en Ad_1a sur le plan vertical. Prolongeons la perpendiculaire Aa jusqu'à sa rencontre en b avec γP, supposons que l'on ait abaissé une perpendiculaire ac' sur γP′ et que l'on ait joint bc' : on a ainsi dans l'espace un triangle rectangle dans lequel l'angle en c' est égal à l'angle β. Or le plan de ce triangle et le plan du triangle Aad sont l'un et l'autre perpendiculaires sur le plan donné; ils se coupent donc suivant une droite aO perpendiculaire sur le plan P′γP, et par suite sur les hypoténuses Ad, bc' des deux triangles. L'angle de cette perpendiculaire avec ab et l'angle β sont égaux comme étant aigus et ayant leurs côtés respectivement perpendiculaires : ab est donc l'hypoténuse d'un triangle rectangle dont l'un des côtés de l'angle droit est la perpendiculaire aO et dont les angles aigus sont connus. De là résulte la construction suivante pour résoudre le problème.

Ayant abaissé Aa perpendiculaire sur xy (*fig.* 157), on forme en A avec Aa un angle complémentaire de l'angle α, et l'on a ainsi en Ad_1a le triangle de l'espace Aad rabattu sur le plan vertical. On décrit du point a comme centre avec ad_1 pour rayon une circonférence : la trace horizontale du plan cherché devra être tangente à cette circonférence. On prolonge ensuite Aa, et il s'agit de déterminer la longueur ab. Pour cela, on abaisse aO$_1$ perpendiculaire sur Ad_1, et l'on a ainsi la vraie grandeur de la perpendiculaire aO de l'espace ; puis on mène aK faisant avec aO_1 un angle égal à l'angle β : on forme ainsi un triangle égal au triangle de l'espace aOb, donc $aK = ab$: prenant donc sur Aa prolongée la distance $ab = aK$ et menant par le point b une tangente à la circonférence de rayon ad_1, on a la trace horizontale γP d'un plan satisfaisant à la question et dont la trace verticale s'obtient en joignant $\gamma P'$.

Il y a en général quatre solutions, car on peut mener d'abord du point b deux tangentes à la circonférence, et l'on peut ensuite déterminer au-dessus de la ligne de terre un second point b par lequel on peut encore mener deux tangentes.

Pour avoir quatre plans répondant à la question, il faut que la somme des deux angles α et β soit plus grande que $90°$, car alors β est plus grand que l'angle O_1ad_1, et par suite on a $aK > ad_1$, de sorte que les points b sont extérieurs à la circonférence.

Si l'on a $\alpha + \beta = 90°$, $aK = ad_1$ et les points b sont situés sur la circonférence. Il y a alors pour solutions deux plans parallèles à la ligne de terre.

Enfin, pour $\alpha + \beta < 90°$, le problème est impossible, car les points b se trouvent dans l'intérieur de la circonférence.

Lorsque le point donné est situé d'une manière quelconque, on commence par résoudre le problème en prenant un point situé sur l'un des plans de projection, et l'on mène par le point donné des plans parallèles à ceux trouvés. On a ainsi les plans demandés.

91. Problème 3. *Étant donnés une droite et un plan, mener par la droite, un second plan faisant avec le premier un angle donné.*

Soient (*fig.* 158), P le plan et AB la droite donnée. Supposons le problème résolu, et soit Q le plan faisant avec le plan P l'angle donné α. D'un point A quelconque de la droite AB abaissons AD perpendiculaire sur le plan P ; du pied D de cette droite menons DC perpendiculaire sur l'intersection MN des deux plans et joignons AC. L'angle ACD est égal à l'angle α, et la ligne MN est tangente à une circonférence décrite du point D comme centre avec DC comme rayon. Il est clair que si l'on peut déterminer cette droite

MN, on n'aura plus pour résoudre le problème qu'à faire passer un plan par les deux droites AB, MN.

Ceci établi, on procédera comme il suit pour construire les traces du plan demandé. Ayant pris un point quelconque sur la droite donnée, on abaissera de ce point une perpendiculaire sur le plan donné, puis on en déterminera le pied et la vraie grandeur. On construira ensuite un triangle rectangle ayant pour un des côtés de l'angle droit cette vraie grandeur et pour angle opposé l'angle donné. Le second côté de l'angle droit de ce triangle sera le rayon DC du cercle auquel l'intersection du plan cherché avec le plan donné doit être tangente. On déterminera le rabattement de ce cercle et celui du point où la droite donnée perce le plan donné, et l'on mènera de ce point une tangente au cercle rabattu. Par cette tangente relevée (c'est la droite MN) et la droite donnée, on fera passer un plan qui sera le plan demandé.

La question comporte deux solutions, lorsque le point B est en dehors de la circonférence, et une seule lorsque ce point est situé sur la circonférence. Enfin le problème est impossible lorsque le point B est dans l'intérieur de la circonférence.

Remarque. Lorsque la droite donnée est située dans le plan donné, elle est l'intersection de ce plan avec le plan demandé et la solution est notablement simplifiée. Cette solution se déduit aisément de la construction au moyen de laquelle on obtient l'angle de deux plans (66).

92. **Problème 4.** *Réduire un angle à l'horizon.*

Par réduire un angle à l'horizon, on entend déterminer la projection horizontale d'un angle donné, connaissant les angles que forment ses côtés avec la verticale menée par son sommet.

Supposons donc connus (*fig.* 159) l'angle BAC et les angles aAB, aAC formés par ses côtés avec la verticale Aa : il s'agit de construire la projection horizontale de l'angle BAC. Prenons pour plan vertical de projection le plan des deux droites Aa, AC ; la droite AC se projette (*fig.* 160) sur xy en aC, ligne obtenue en menant Aa perpendiculaire sur xy et faisant l'angle aAC égal à l'angle donné aAC. Pour déterminer la projection horizontale de la droite AB, on construit en A l'angle aAB$_1$ égal à BAa ; le triangle AaB$_1$ peut être considéré comme le rabattement du triangle

aAB sur le plan vertical : si donc on décrit du point a comme centre avec aB$_1$ comme rayon un arc de cercle, la trace horizontale de la droite AB sera quelque part sur cet arc de cercle. D'un autre côté, en faisant l'angle CAB$_2$ = BAC, prenant AB$_2$ = AB$_1$ et joignant CB$_2$, on obtient le triangle ACB$_2$ qui n'est autre que le triangle de l'espace BAC rabattu sur le plan vertical ; donc CB$_2$ est la distance du point B au point C. Par suite, si l'on décrit un arc de cercle du point C comme centre avec CB$_2$ comme rayon ; le point B où il rencontre l'arc de cercle précédemment décrit est la trace horizontale de la droite AB. Joignant aB, on a en CaB l'angle réduit à l'horizon.

Cas particulier. *L'un des côtés de l'angle est horizontal.*

Soit AC le côté horizontal (*fig.* 161 et 162). Prenons pour plan vertical de projection le plan qui contient Aa et AC. Faisons l'angle aAB$_1$ = aAB et décrivons un arc de cercle avec aB$_1$ pour rayon : nous aurons comme ci-dessus un lieu géométrique du point B. Pour en avoir un autre, nous remarquerons que si l'on mène BK perpendiculaire sur aK, et que l'on abaisse ensuite KG perpendiculaire sur AC, on aura, en joignant BG, une droite perpendiculaire sur AC d'après le théorème des trois perpendiculaires, et le triangle ABG sera rectangle en G. On connaît dans ce triangle l'hypoténuse AB et l'angle aigu BAC ; on peut donc le construire. Pour cela, on mène AB$_2$ formant avec AC l'angle B$_2$AC = BAC ; on prend AB$_2$ = AB$_1$, et l'on abaisse B$_2$G perpendiculaire sur AC. Cette perpendiculaire prolongée vient couper l'arc de cercle déjà décrit en un point B qu'on n'a plus qu'à joindre au point a pour obtenir en KaB l'angle réduit à l'horizon.

95. Problème 5. *Étant données les trois faces d'un trièdre, déterminer ses trois dièdres.*

Soit BSA l'une des faces (*fig.* 163) ; supposons les deux autres rabattues en ASC$_1$, BSC$_2$ sur le plan de la première : SC$_1$, SC$_2$ sont les rabattements de l'arête SC. Un point M de cette arête se rabat en M$_1$ et M$_2$ à des distances égales du point S : si l'on abaisse de ces points des perpendiculaires sur SA, SB, le point m de leur rencontre est la projection du point M sur le plan de la figure. En élevant en m la perpendiculaire mM$_3$ sur md, décrivant un arc de cercle du point d comme centre avec dM$_1$ comme rayon, et joignant dM$_3$, on a en d l'angle qui mesure le dièdre SA ; car le triangle mM$_3$$d$ est le rabattement du triangle de l'espace Mdm dont les côtés dm, dM sont perpendiculaires sur SA.

On obtient par une construction semblable l'angle M$_4$$em$ qui mesure le dièdre SB.

Pour déterminer l'angle qui mesure le dièdre SC, on joint Sm qui est la projection de l'arête culminante SC, et l'on imagine un plan perpendiculaire à cette arête, lequel plan a pour trace une ligne GK perpendiculaire sur Sm. Ce plan coupe les faces ASC, BSC suivant des perpendiculaires à SC qui, dans le rabattement des faces sur le plan de la figure, prennent les positions KO$_1$, GO$_2$ perpendiculaires sur SC$_1$ et SC$_2$. On connaît donc les trois côtés du triangle OGK, suivant lequel le plan coupe le trièdre et dont l'angle en O est celui qui mesure le dièdre SC. Décrivant des points K et G comme centres avec des rayons respectivement égaux à KO$_1$, GO$_2$ des arcs de cercle qui devront se couper sur Sm, et joignant GO$_3$, KO$_3$, on a en GO$_3$K l'angle cherché.

94. Problème 6. *Étant données deux faces d'un trièdre et le dièdre qu'elles comprennent, déterminer la troisième face et les deux autres dièdres.*

Soient données (*fig.* 164) les deux faces BSA, ASC$_1$ que nous supposons placées sur le même plan, celui de la face BSA, et soit également donné le dièdre SA. D'un point quelconque M$_1$ pris sur SC$_1$ abaissons une perpendiculaire sur SA ; au point d où elle rencontre SA menons dM$_2$ faisant avec dm un angle égal à celui qui mesure le dièdre SA ; prenons dM$_2$ = dM$_1$ et abaissons M$_2$$m$ perpendiculaire sur dm : le point m est la projection du point M sur le plan BSA. Il résulte de là que si la face BSC tourne autour de SB pour se rabattre sur le plan de la face BSA, le point M viendra se placer quelque part sur la perpendiculaire me abaissée du point m sur SB, et comme sa distance au point S est égale à SM$_1$, on obtiendra sa position en M$_3$ à la rencontre de la perpendiculaire me avec un arc de cercle décrit du point S comme centre avec SM$_1$ comme rayon. Joignant SM$_3$, on a en C$_2$SB la troisième face cherchée. On pourra déterminer ensuite, comme plus haut (93), les deux dièdres inconnus.

95. Problème 7. *Étant données deux faces d'un trièdre et le*

*dièdre opposé à l'une d'elles, déterminer la troisième face et les
deux autres dièdres.*

Soient (*fig.* 165) les deux faces données BSA, ASC₁ situées sur
le même plan, celui de la face BSA, et supposons connu le dièdre
SB opposé à la face rabattue en ASC₁. Abaissons M₁d perpendiculaire sur AS et imaginons la face ASC₁ ramenée à sa position
normale; le point M décrira un arc de cercle dont le plan aura
pour trace M₁d, donc la projection du point M sera quelque part
sur cette ligne. En décrivant une demi-circonférence du point d
comme centre avec dM₁ pour rayon, on a le rabattement sur le
plan de la figure de l'arc de cercle décrit par le point M. Ce point
M doit donc être en rabattement situé quelque part sur cet arc de
cercle. Pour déterminer sa position, abaissons d'un point quelconque de la droite M₁d, la perpendiculaire gK sur SB et imaginons par gK un plan perpendiculaire à celui de la figure. Ce plan
coupera la face BSC suivant une ligne KI formant avec Kg un
angle égal au dièdre donné, et le plan de la demi-circonférence,
suivant une droite gI formant avec Kg et KI un triangle rectangle
que l'on construira aisément en KI₁g, puisque l'on connaît l'angle
aigu en K. Prenant gI₂ = gI₁, on a en I₂ le rabattement d'un
point commun à la face BSC et au plan de la demi-circonférence.
Or α est un second point commun à ces deux plans, donc la
ligne αI₂ est leur intersection rabattue sur le plan de la figure. Le
point M appartient à cette intersection; on l'a ainsi en M₂, et par
suite sa projection est m. Un rabattement connu donne le point M₃,
et joignant SM₃ on a la troisième face demandée.

Comme αI₂ coupe la demi-circonférence en un second point N₁
il y a une seconde solution qui donne pour troisième face BSN₂.
Les faces étant connues, on peut déterminer ensuite les dièdres
qu'il reste à trouver.

Si la ligne αI₂ était tangente à la demi-circonférence, il n'y aurait qu'une solution. Enfin le problème serait impossible si αI₂ ne
rencontrait pas la demi-circonférence.

96. Problème 8. *Connaissant les trois dièdres d'un trièdre,
déterminer les trois faces.*

Les trois dièdres du trièdre étant connus, on peut déterminer les
faces du trièdre supplémentaire. Le problème 5 (93) permet alors

d'obtenir les dièdres de ce dernier dont les suppléments sont les faces demandées.

On ramène de même aux problèmes 6 et 7 les questions suivantes :

Connaissant une face d'un trièdre et les dièdres adjacents, déterminer les deux autres faces et le troisième dièdre.

Connaissant deux dièdres d'un trièdre et la face opposée à l'un d'eux, déterminer le troisième dièdre et les deux autres faces.

97. Problème 9. *Étant données deux droites qui se coupent, mener par leur point de rencontre une troisième droite, faisant avec les deux premières des angles donnés* α *et* β.

Soient (*fig.* 166), $(ab, a'b')$, $(cd, c'd')$ les droites données ; déterminons le rabattement sur le plan horizontal de leur angle aO_1d (64), et menons les droites O_1G, O_1K formant, la première avec O_1a un angle $= \alpha$, la seconde avec O_1d un angle $= \beta$. Prenons sur ces droites deux points M_1, M_2 situés à égale distance du point O_1; considérons ces points comme les rabattements sur le plan de aO_1d d'un point M de la droite demandée, laquelle est la troisième arête d'un trièdre ayant O_1 pour sommet et aO_1, dO_1 pour les deux autres arêtes : nous déterminerons comme plus haut (93) la projection m_1 du point M sur le plan aO_1d, ainsi que la longueur m_1M_3 de la projetante Mm_1.

Si maintenant nous relevons le plan des droites données, le point m_1 vient se placer à l'extrémité de l'hypoténuse d'un triangle rectangle dont le rabattement est construit sur la figure en $im_2\mu$. En élevant en m_2 sur im_2 une perpendiculaire m_2M_4 égale à m_1M_3, nous obtiendrons le rabattement de la projetante Mm_1 dans l'hypothèse que le plan vertical qui contient cette droite a tourné autour de sa trace μm_1 pour se coucher sur le plan horizontal. Nous aurons donc la projection horizontale m du point M en abaissant M_4m perpendiculaire sur μm_1, et sa projection verticale m' en menant mm' perpendiculaire sur la ligne de terre et prenant $\gamma m' = mM_4$. Joignant enfin om, $o'm'$, ces droites sont les projections de la droite demandée.

Remarque. Si deux droites données AB, CD (*fig.* 167) ne sont pas dans le même plan et qu'on veuille en mener une troisième formant avec elles des angles α et β, on mènera par un point quelconque E de la droite CD une parallèle EF à la droite AB, et l'on construira une droite EG formant avec CD et EF des angles égaux aux angles donnés. La droite demandée s'obtiendra en menant parallèlement à EG une droite MN qui rencontre les deux droites données.

98. Problème. 10. *Circonscrire une sphère à un tétraèdre.*

Les projections d'une sphère sont deux cercles ayant pour centres les projections du centre de la sphère et pour rayon le rayon de celle-ci. Il s'agit donc, pour résoudre le problème, de trouver les projections du centre et le rayon de la sphère circonscrite au tétraèdre donné.

Le centre est un point situé à égale distance des quatre sommets du solide, il se trouve donc à la rencontre des plans menés perpendiculairement sur le milieu des arêtes. Il suffit, pour l'obtenir, de construire trois de ces plans et de déterminer leur point de rencontre. Joignant ensuite ce point à l'un des sommets et déterminant la vraie grandeur de la ligne ainsi obtenue, on aura le rayon de la sphère demandée et le problème sera ainsi résolu.

La construction est notablement simplifiée, lorsque l'on place l'une des faces du tétraèdre sur le plan horizontal, de telle sorte que l'une des arêtes latérales du solide soit parallèle au plan vertical. Ainsi soient ABC (*fig.* 168) la base du tétraèdre reposant sur le plan horizontal de projection et (As, $a's'$) une arête parallèle au plan vertical. Les plans perpendiculaires sur le milieu des arêtes AB, AC ont pour traces horizontales les droites MO, NO respectivement perpendiculaires sur AB, AC en leurs milieux, et se coupent suivant une droite verticale ayant o pour projection horizontale et $o'\omega$ pour projection verticale. Or le plan perpendiculaire sur le milieu de l'arête SA est perpendiculaire sur le plan vertical, puisque SA est parallèle à ce plan; il a donc pour trace verticale la droite $o'g'$ perpendiculaire sur le milieu de $s'a'$; par suite il coupe la droite $(o,\omega o')$ en un point dont la projection verticale est o'. Le centre de la sphère circonscrite a ainsi pour projections o et o'; quant à son rayon, il a pour projections Ao, $a'o'$, et pour vraie grandeur $o'a'_1$.

99. Problème 11. *Inscrire une sphère dans un tétraèdre.*

Le centre de la sphère inscrite dans un tétraèdre étant un point situé à égale distance des quatre faces, se trouve à la rencontre des plans bissecteurs des dièdres du solide ; on peut donc, pour le déterminer, construire trois de ces plans bissecteurs, et chercher leur intersection ; mais il est préférable d'employer le procédé qui va être indiqué.

Soient (*fig.* 169), $sABC$, $s'a'b'c'$ les projections du tétraèdre donné dont on a placé la base sur le plan horizontal. Coupons le tétraèdre par un plan horizontal $P'Q'$ et cherchons les droites suivant lesquelles ce plan coupe les plans bissecteurs des dièdres AB, BC, AC. Ces droites sont parallèles aux lignes AB, BC, AC, puisque le plan sécant est horizontal ; il suffira donc, pour les déterminer, d'avoir un point de chacune d'elles. Pour cela abaissons sh perpendiculaire sur BC, imaginons le point h joint au point S de l'espace et faisons tourner le plan du triangle Ssh autour de sS pour l'amener à être parallèle au plan vertical de projection. Le point h vient en h_1 et se projette alors verticalement en h'_1 ; le triangle Ssh est donc projeté verticalement en vraie grandeur en $\sigma s'h'_1$. L'angle $s'h'_1\sigma$ est l'angle plan du dièdre BC ; la bissectrice $h'_1 v'_1$ de cet angle est tout entière dans le plan bissecteur du dièdre BC, et elle rencontre le plan sécant en un point projeté actuellement en $v'_1 v_1$. Lorsque l'on ramène le plan du triangle dans sa position première, le point v_1 vient un v sur sh, et l'on a ainsi la projection horizontale d'un point du plan bissecteur du dièdre BC. On obtient, au moyen de constructions semblables, les projections r et t de deux points, l'un du plan bissecteur du dièdre AB, l'autre du plan bissecteur du dièdre AC. Menant par les trois points r, t, v des droites respectivement parallèles à AB, AC, BC, on forme le triangle def qui est la projection horizontale de l'intersection du plan $P'Q'$ avec un tétraèdre qui aurait ABC pour base, pour faces les trois plans bissecteurs et pour sommet le centre de la sphère cherchée. Or A, B, C sont déjà des points appartenant aux arêtes de ce tétraèdre ; donc Af, Bd, Ce, sont les projections de ces arêtes, et leur point o de rencontre est la projection horizontale du centre de la sphère. La projection verticale o' est à la rencontre de la perpendiculaire oo' abaissée sur la ligne de terre avec la droite $c'e'$ projection verticale de Ce. Le rayon de la sphère est égal à $o'\omega$.

Remarque. Si le plan sécant passait au-dessus du centre de la sphère, on chercherait ses rencontres avec les faces du tétraèdre OABC supposées prolongées.

100. Problème 12. *Connaissant la projection horizontale d'un point de la surface d'une sphère donnée, déterminer la projection verticale de ce point.*

Soient (*fig.* 170), o, o' les projections du centre de la sphère donnée et a la projection horizontale d'un point de la surface de cette sphère. Joignons oa, imaginons dans l'espace le centre O joint au point A. Supposons que le plan projetant horizontalement la droite OA de l'espace tourne autour de la projetante oO jusqu'à ce qu'il se soit placé parallèlement au plan vertical de projection. Dans cette position, le point a vient en a_1 sur la droite oa_1 parallèle à xy, et la projection verticale du point A de l'espace se trouve quelque part sur la perpendiculaire $a_1\alpha$ menée sur xy. D'ailleurs le grand cercle qui contient le rayon OA a actuellement pour projection verticale le cercle dont le centre est o'. Donc la projection cherchée sera à la rencontre de la perpendiculaire $a_1\alpha$ prolongée avec la circonférence de ce cercle. On voit ainsi qu'il existe deux points a''_1, a'_1 répondant à la question. Lorsque l'on ramène le plan Ooa dans sa position primitive, ces points viennent en a'' et a' sur la perpendiculaire menée du point a à la ligne de terre et sont les projections demandées.

101. Problème 13. *Déterminer les points d'intersection d'une sphère et d'une droite.*

Soient (o, o'), $(ab, a'b')$ les projections du centre de la sphère et celles de la droite donnée (*fig.* 171). Par le centre O et la droite AB, faisons passer un plan (39); ce plan, qui a pour trace horizontale MN coupe la sphère suivant un grand cercle. Déterminons le rabattement de ce cercle et celui de la droite AB, lorsque le plan tourne autour de MN pour se placer sur le plan horizontal. Le cercle vient en O_1 et la droite en aB_1. Elle coupe le cercle rabattu en deux points G_1, K_1 qui ne sont autres que les rabattements des points cherchés. On aura donc résolu la question en déterminant, par les procédés connus, les projections (g, g'), (k, k') de ces points.

102. Problème 14. *Déterminer l'intersection d'une sphère et d'un plan.*

Pour résoudre ce problème, on abaisse du centre de la sphère une perpendiculaire sur le plan et l'on en détermine le pied. On a ainsi le centre du cercle, suivant lequel la sphère est coupée par le plan. On construit ensuite un triangle rectangle ayant pour hypoténuse le rayon de la sphère, et pour l'un des côtés de l'angle droit la perpendiculaire que l'on a abaissée du centre sur le plan : l'autre côté de l'angle droit de ce triangle est le rayon de la section. On n'a donc plus qu'à construire les projections d'un cercle dont on connaît le rayon et les projections du centre, question qui a été traitée plus haut (54).

103. Problème 15. *Mener par une droite donnée un plan tangent à une sphère donnée.*

Pour résoudre ce problème, on mène par le centre de la sphère un plan perpendiculaire sur la droite donnée, et l'on détermine la section de la sphère par ce plan. Du point où il rencontre la droite donnée, on mène une tangente à la circonférence de la section : le plan passant par cette tangente et la droite donnée est le plan tangent demandé.

Ce problème comporte deux solutions, lorsque la droite donnée est extérieure à la sphère. Si elle lui est tangente, il n'y a qu'un seul plan satisfaisant à la question : ce plan est celui conduit par la droite perpendiculairement au rayon mené au point de contact.

EXERCICES.

1. Déterminer la distance d'un point du plan vertical à un point du plan horizontal.

2. Étant données les projections d'un point, trouver sur la ligne de terre un second point dont la distance au premier soit égale à une ligne donnée.

3. Étant données les projections d'un point et la projection horizontale d'un second point, déterminer sa projection verticale, sachant qu'il est distant du premier point d'une longueur donnée.

4. Étant donnés un point du plan horizontal et une droite du plan vertical, trouver sur cette droite un point dont la distance au point donné soit égale à une droite donnée.

5. Construire les projections d'un point connaissant sa distance à la ligne de terre et sa distance à l'un des plans de projection.

6. Déterminer la distance d'un point du plan vertical à une droite du plan horizontal.

7. Construire les projections d'un point, connaissant ses distances à deux points donnés sur la ligne de terre, et sachant qu'il a sa projection horizontale située sur une droite donnée dans le plan horizontal.

8. Connaissant la projection horizontale d'une droite, un point de cette droite et l'angle qu'elle fait avec le plan horizontal, construire sa projection verticale.

9. Connaissant la projection horizontale d'une droite, un point

de cette droite, et l'angle qu'elle fait avec le plan vertical, construire sa projection verticale.

10. Mener par un point donné une droite qui forme un angle donné avec le plan horizontal et qui rencontre une droite donnée située dans le plan horizontal.

11. Mener dans un plan donné une droite qui fasse avec l'un des plans de projection un angle donné.

12. Mener par une droite donnée un plan qui fasse avec l'un des plans de projection un angle donné.

13. Étant donnés l'une des traces d'un plan et l'angle qu'elle fait avec l'autre trace, construire cette dernière.

14. Mener par un point donné un plan parallèle à une droite donnée et qui fasse avec l'un des plans de projection un angle donné.

15. Étant données deux droites qui se coupent situées sur le plan horizontal et une troisième droite quelconque, déterminer sur cette dernière un point à égale distance des deux premières droites.

16. Étant donnée la trace horizontale d'un plan, construire sa trace verticale sachant que le plan est distant d'une longueur donnée d'un point donné.

17. Étant données les traces d'un plan et la projection horizontale d'un point dont la distance au plan est donnée, déterminer la projection verticale du point.

18. Étant donnée l'une des traces d'un plan parallèle à la ligne de terre, construire l'autre trace connaissant la distance du plan à la ligne de terre.

19. Mener par un point donné un plan perpendiculaire sur deux plans donnés.

20. Par un point pris sur une droite donnée, élever à cette droite une perpendiculaire qui rencontre une seconde droite donnée.

21. Étant donnés une droite et deux points en dehors, trouver sur la droite un point également distant des deux points donnés.

22. Construire le lieu des points d'un plan donné situés à égale distance de deux points donnés en dehors de ce plan.

23. Étant donnés un plan et une droite qui se rencontrent, mener dans le plan par le pied de la droite une perpendiculaire sur celle-ci.

24. Mener par un point donné un plan parallèle à un plan donné et qui en soit distant d'une longueur donnée.

25. Déterminer sur une droite donnée un point dont la distance à un plan donné soit égale à une longueur donnée.

26. Étant donnés l'angle de deux droites, leurs projections horizontales et leurs traces horizontales, construire les projections verticales de ces deux droites.

27. Étant données les traces horizontales de deux plans qui se coupent, la projection horizontale de leur intersection et l'angle qu'ils font entre eux, construire les traces verticales de ces deux plans.

28. Étant donnés un plan et une droite située dans ce plan, mener par la droite une série de plans formant entre eux et avec le plan donné des angles égaux.

29. Étant donnés un point et un plan parallèle à la ligne de terre, mener par le point un second plan parallèle à la ligne de terre et faisant avec le plan donné un angle donné.

30. Mener par une horizontale d'un plan donné un second plan formant avec le premier un angle donné.

31. Construire les projections d'un parallélipipède connaissant les longueurs des arêtes et les angles que ces droites font entre elles.

32. Construire les projections d'un cube connaissant la longueur des arêtes, les projections de l'une d'elles et la projection horizontale d'une seconde arête.

33. Construire les projections d'un cube ayant l'une de ses diagonales perpendiculaire au plan horizontal.

34. Construire les projections d'une pyramide hexagonale régulière connaissant le côté de base, sachant que la base repose sur le plan bissecteur du premier dièdre, de telle sorte que l'un de ses côtés est parallèle à la ligne de terre, et sachant de plus que le sommet de la pyramide est dans le plan vertical de projection.

35. Étant donnée la projection horizontale d'une pyramide SABC dont la base ABC repose à volonté sur le plan horizontal de projection, construire la projection verticale du solide sachant que le dièdre SA est droit.

36. Étant donnés dans un tétraèdre SABC, la base ABC, les arêtes SA, SB et le dièdre AC, construire les projections du solide en plaçant la base à volonté sur le plan horizontal.

37. Étant donnés le côté de base et la hauteur d'une pyramide hexagonale régulière, construire les projections de cette pyramide en plaçant l'une de ses faces latérales sur le plan horizontal.

38. Étant donnés dans un tétraèdre SABC le dièdre AB et les arêtes AB, BC, AC, SA, SB, construire les projections du solide en plaçant sa base ABC à volonté sur le plan horizontal.

39. Construire les projections d'une pyramide régulière à base carrée connaissant le côté de base et l'un des dièdres latéraux.

40. Étant donnés la trace horizontale d'un plan, les projections d'un point de ce plan et les projections horizontales de deux autres points du plan, déterminer les projections d'un quatrième point, connaissant ses distances aux trois premiers. Construire ensuite les projections et la vraie grandeur de la section faite dans le tétraèdre ayant les quatre points pour sommets, par un plan perpendiculaire à l'une des arêtes de ce tétraèdre.

41. Étant donnée l'arête d'un tétraèdre régulier, construire ses projections en plaçant la base sur le plan horizontal de telle sorte que l'un de ses côtés soit parallèle à la ligne de terre. Construire ensuite les projections et la vraie grandeur de la section déterminée dans le tétraèdre par un plan passant par la ligne de terre et faisant avec le plan horizontal un angle donné.

42. Déterminer les projections de la section faite dans une pyramide donnée, par un plan mené par une parallèle à la trace horizontale d'une des faces de la pyramide et faisant avec cette face un angle donné.

43. Déterminer les points de rencontre d'une pyramide et d'une droite données.

44. Construire les projections d'un prisme connaissant sa base, une arête et les angles qu'elle forme avec les côtés adjacents.

45. Construire les projections et la vraie grandeur de la section faite dans une pyramide par le plan bissecteur de l'un de ses dièdres.

46. Étant données les projections d'un cône droit à base circulaire dont la base repose sur le plan horizontal, ainsi que la projection verticale d'un des points de sa surface latérale, déterminer la projection horizontale de ce point.

47. Construire les projections d'un cône droit à base circulaire connaissant le rayon de base, la longueur de la génératrice et sachant que le cône repose sur le plan horizontal de projection par l'une de ses génératrices.

48. Construire les projections de la section faite dans un cône droit à base circulaire ayant sa base sur le plan horizontal, par un plan perpendiculaire au plan vertical de projection.

49. Trouver la plus courte distance d'un point à une sphère donnée.

50. Couper une pyramide triangulaire par un plan passant par une droite donnée sur l'une des faces du solide, de telle sorte que la section soit un triangle rectangle.

Sujets de composition donnés aux examens de l'École navale.

51. Représenter quatre points situés dans un plan au moyen de leurs projections ; déterminer ensuite la vraie grandeur des diagonales du quadrilatère ayant ces quatre points pour sommets, ainsi que l'angle que font entre elles ces diagonales.

52. Étant donnés deux plans, l'un situé d'une manière quelconque par rapport aux plans de projection, l'autre parallèle à la ligne de terre, déterminer les angles que forme leur intersection avec la trace horizontale du premier et la trace verticale du second.

53. Construire les projections d'une pyramide hexagonale régulière dont la base repose sur un plan perpendiculaire au plan vertical et faisant avec le plan horizontal un angle de 30°. Construire les projections et la vraie grandeur de la section faite dans cette pyramide par un plan ayant même trace horizontale que le plan de base et faisant avec le plan horizontal un angle de 53°.

54. Construire les projections d'un parallélipipède dont on connaît les arêtes ainsi que les angles qu'elles font entre elles. Déterminer les projections d'une diagonale du solide ainsi que les angles qu'elle forme avec les plans de projection.

55. Le rayon d'une sphère est de $0^m.08$; la projection horizontale du centre est située à $0^m.09$ de la ligne de terre et la projection verticale à $0^m.10$. On coupe cette sphère par un plan vertical distant du centre de $0^m.04$ et faisant avec le plan vertical de projection un angle de 30° ; on demande les projections et la véritable forme de la section. On déterminera la projection verticale de la section par ses deux axes principaux.

56. Étant données les projections d'une pyramide triangulaire placée d'une manière quelconque dans l'espace, construire les projections d'une pyramide égale reposant par l'une de ses faces sur le plan horizontal.

57. Étant donnés un cube dont l'une des faces est située dans le plan horizontal et une seconde dans le plan vertical, et un plan dont chacune des traces fait avec la ligne de terre un angle de 45°, on demande de déterminer en vraie grandeur la figure obtenue en projetant le cube sur le plan donné.

58. Construire les projections d'un prisme triangulaire droit sachant que : 1° les arêtes latérales ont une longueur donnée, sont parallèles à un plan vertical donné quelconque et font avec le plan horizontal un angle donné; 2° la base est un triangle équilatéral de côté donné dont un côté est parallèle au plan horizontal de projection et est situé à une distance donnée de ce plan.

59. Construire les projections d'un prisme triangulaire oblique dont on connaît la base, les arêtes latérales et leur inclinaison sur le plan de base. Déterminer la hauteur du prisme et construire les projections et la vraie grandeur de la section droite.

60. Trouver sur un plan donné un point qui soit situé à des distances données de deux points donnés l'un sur le plan horizontal, l'autre sur le plan vertical.

61. Étant donnés un plan quelconque et les projections d'une pyramide triangulaire dont la base repose sur le plan horizontal, on fait tourner la pyramide autour de la trace horizontale du plan donné jusqu'à ce que son sommet soit dans ce plan ; déterminer les projections de la pyramide dans cette nouvelle position.

62. Déterminer les projections horizontale et verticale de six rectangles égaux ayant un côté commun et faisant entre eux deux à deux des angles de 60°. On prendra à volonté les plans de projection.

Sujets de composition donnés aux examens de l'École de Saint-Cyr.

63. On donne sur un plan horizontal un quadrilatère ABCD (fig. 172) et par la droite EF qui joint les points de concours des côtés opposés, on fait passer un plan incliné sur le plan horizontal d'un angle donné. Dans ce nouveau plan, on décrit sur EF comme diamètre une circonférence, et l'on prend un point S de cette circonférence pour sommet d'un angle polyèdre formé par les quatre plans SAB, SBC, SCD, SAD. On propose de déterminer la projection horizontale et la vraie grandeur d'une section faite dans cet angle polyèdre par un plan parallèle au plan ESF et passant par un point donné.

Nota. On rendra compte de la forme remarquable que présente la section.

Données numériques. Distances en millimètres :

AB = 83. BC = 71. AD = 22. ES = 96.
Angle ABC = 109°. Angle BAD = 120".

Inclinaison du plan ESF sur le plan horizontal = 75°.

On prendra le point par lequel on doit conduire le plan sécant sur la verticale du point B et à une hauteur de 86^{mm} au-dessus du plan horizontal.

64. Dans la pyramide quadrangulaire SABCD dont le sommet est en S, on donne SA = SB = SD = 88^{mm}; AB = 79^{mm}; AD = 58^{mm}. Angle DAB = 90°; angle ADC = 111°; angle ABC = 69°, et l'on demande de construire les projections du solide en plaçant à volonté la base ABCD sur le plan horizontal.

On déterminera ensuite :

1" L'angle des faces SAB, ABCD et celui des faces SBC, SCD; ces angles seront mesurés à l'aide du rapporteur;

2" Les projections et la vraie grandeur de la section faite dans le solide par le plan bissecteur de l'angle dièdre dont AB est l'arête;

3" Le rayon de la sphère qui passe par les quatre points S, A, B, C, et l'on démontrera que cette sphère passe aussi par le point D (*).

65. Construire les projections d'une pyramide hexagonale régulière dont une des faces latérales SAB est située dans le plan horizontal. Déterminer la hauteur de la pyramide et construire la section faite dans le solide par un plan passant par l'arête AB et le milieu de l'arête SD. La droite AB a pour longueur 3 centimètres et fait avec la ligne de terre un angle de 45°. L'arête latérale SA = 6 centimètres.

(*) Les énoncés de ce problème et des suivants ont été donnés aux candidats à l'école de Saint-Cyr sans être accompagnés de figures explicatives.

66. Dans un tronc de pyramide régulière à base hexagonale, le côté de la grande base $= 50^{mm}$, chaque arête latérale $= 65^{mm}$, et les angles que font les arêtes latérales avec les côtés adjacents de la grande base valent chacun 80° : déterminer les projections du tronc en l'appuyant par la grande base sur le plan horizontal. Ce tronc étant supposé réduit à sa surface, et la base supérieure étant enlevée, on déterminera les parties visibles de la surface intérieure du tronc en supposant l'œil placé à une hauteur de 71^{mm} au-dessus du plan horizontal sur la verticale menée par l'un des sommets de la grande base.

67. Dans un prisme ABCD à base triangulaire ABC on donne $AB = AC = CB = 32^{mm}$; angle $DAB = DAC = 45°$; $AD = 160^{mm}$: 1° déterminer les projections du prisme ; 2° construire les projections et la vraie grandeur de la section déterminée par un plan mené perpendiculairement à AD et en son milieu (échelle $^1/_1$) ; 3° le tronc de prisme étant supposé réduit à sa surface et la partie supérieure du prisme étant enlevée, on déterminera les parties visibles de la surface intérieure du tronc en supposant l'œil placé à une hauteur double de celle du prisme total sur la verticale menée par le point A.

68. Trouver les projections de l'intersection d'une pyramide régulière pentagonale dont la base est sur le plan horizontal avec un plan perpendiculaire au plan vertical. Le côté du pentagone de base $= 0^m, 07$; l'un des côtés est situé sur une parallèle à la ligne de terre menée à une distance de $0^m, 03$. La hauteur de la pyramide est $0^m, 1$. Le plan sécant fait un angle de 30° avec le plan horizontal et est à une distance de $0^m, 05$ du sommet de la pyramide.

Après avoir déterminé les projections de l'intersection, on cherchera l'angle de deux faces de la pyramide.

69. Un prisme droit a pour base un hexagone régulier ABCDEF dont le côté vaut $0^m, 034$. Sur les arêtes latérales qui partent des sommets A, B, C de la base, on prend des longueurs $AG = 0^m, 068$ $BH = 0^m, 053$; $CI = 0^m, 025$. Par les trois points G, H, I on fait passer un plan p qui détermine le tronc de prisme compris entre ce plan et la base ABCDEF et l'on demande de construire :

1° Les projections horizontale et verticale de ce tronc en posant la base sur le plan horizontal de manière que le côté AB soit perpendiculaire à la ligne de terre ;

2° La partie du plan horizontal cachée par le tronc de prisme, l'œil étant placé au-dessus du plan p à la distance de $0^m,122$ sur la perpendiculaire à ce plan menée par le point où l'axe du prisme le rencontre.

70. Un tétraèdre régulier SABC, dont les arêtes ont pour valeur commune 58^{mm} repose par sa base ABC sur le plan horizontal de manière que l'arête AB est parallèle à la ligne de terre, et le sommet C en avant de AB. Sur chacune des faces latérales SAB, SAC, SBC comme base, on construit un prisme droit dont la hauteur est égale à l'arête du tétraèdre. On obtient ainsi un polyèdre p composé de l'ensemble du tétraèdre et des trois prismes et l'on demande de construire :

1° Les deux projections de ce polyèdre p ;

2° La section du polyèdre p par un plan horizontal mené par le centre de gravité du tétraèdre.

71. Une pyramide régulière SABC... à base octogonale s'appuie par sa base ABC... sur le plan horizontal de manière que le côté AB placé à gauche est perpendiculaire à la ligne de terre. Chaque côté de la base vaut 37^{mm} et chaque arête latérale 119^{mm}. Par le sommet S on mène une parallèle à la ligne de terre et l'on prend sur cette parallèle vers la droite une longueur $ST = R \times 2,6$; R étant le rayon du cercle circonscrit au polygone ABC... On joint le point T aux sommets A, B, C,.... de manière à former une seconde pyramide TABC.... de même base que la première. Ceci posé, on demande de construire :

1° Les projections de ces deux pyramides en ayant soin de bien distinguer les parties visibles et invisibles ;

2° Les projections de la sphère circonscrite à la pyramide SABC.... ainsi que celles du point, autre que le point C, où cette sphère est rencontrée par l'arête TC de la pyramide TABC.

72. Le triangle ABC situé dans le plan horizontal est donné par ses trois côtés.

$$AB = 0^m,080 \qquad BC = 0^m,095 \qquad AC = 0^m,065$$

et le côté AB est parallèle à la ligne de terre.

Ce triangle sert de base à une pyramide SABC ; on donne trois angles dièdres de ce tétraèdre, savoir :

Angle de la face SAB avec la base ABC $= 32°$;
    »   SBC   » $= 37°$;
    »   SAC   » $= 40°$;

On demande : 1° de construire les projections de la pyramide : 2° de construire l'angle dièdre des deux faces SAC, SBC.

APPENDICE

NOTIONS SOMMAIRES SUR LA MÉTHODE DES PLANS COTÉS

1. Nous avons, en géométrie descriptive, déterminé la position d'un point dans l'espace à l'aide de ses projections horizontale et verticale ; on peut encore déterminer cette position à l'aide d'une seule projection, celle sur le plan horizontal, et de la distance du point au plan horizontal. Cette distance se nomme *la cote* du point, et l'on nomme *plans cotés* les plans sur lesquels chaque point de l'espace se trouve déterminé par sa projection horizontale et sa cote.

Les cotes des différents points d'un terrain se déterminent à l'aide d'une opération nommée *nivellement*. On prend assez ordinairement pour plan horizontal de projection le niveau de la mer. Le choix de ce plan est d'ailleurs tout à fait arbitraire. Nous nous bornerons à donner quelques notions relatives à la détermination des droites et des plans sur les plans cotés.

2. Un point est représenté sur un plan coté par sa projection et sa cote exprimée par un nombre placé près de la projection.

Une droite est représentée par les projections et les cotes de deux de ses points.

Si les deux cotes sont égales, la droite est horizontale. Si elle est verticale, les projections de deux quelconques de ses points se confondent.

3. Problème 1. *Étant données les projections et les cotes de deux des points d'une droite ainsi que la projection d'un 3ᵉ point de la droite, trouver la cote de ce 3ᵉ point.*

Soient a et (α), b et (β) (*fig.* 173) les projections et les cotes de deux points A,B d'une droite dont la projection est ab et soit c la projection d'un 3ᵉ point de cette droite dont on demande la cote. Élevons en a et b les perpendiculaires aA, bB égales respectivement à α et β et joignons AB. Élevons en c la perpendiculaire cC. Sa longueur est la cote demandée. Or $Cc = c\mathrm{H} + \mathrm{HC}$ et les triangles semblables ABK, ACH donnent : $\dfrac{\mathrm{CH}}{\beta - \alpha} = \dfrac{ac}{ab}$ d'où

$$\mathrm{CH} = \frac{ac\,(\beta - \alpha)}{ab} \quad \text{et} \quad Cc = \frac{ac\,(\beta - \alpha)}{ab} + \alpha.$$

4. Problème 2. *Étant données les projections et les cotes de deux points d'une droite ainsi que la cote d'un 3ᵉ point de la droite, déterminer la projection de ce 3ᵉ point.*

Supposons connus a et (α), b et (β) ainsi que la cote γ du point C : (*fig.* 173) il s'agit de trouver la position du point c, c'est-à-dire la distance ac. Ayant fait la même construction que ci-dessus on a :

$$\frac{\mathrm{AH}}{ab} = \frac{\gamma - \alpha}{\beta - \alpha} \quad \text{d'où AH ou } ac = \frac{ab\,(\gamma - \alpha)}{\beta - \alpha}$$

5. On nomme *pente d'une droite* la tangente trigonométrique de l'angle que forme la droite avec l'horizon. Ainsi tg BAC ou $\dfrac{\mathrm{BC}}{\mathrm{AC}}$ (*fig.* 174) est la pente de la droite AB. α et β étant les cotes des points A et B et ab étant désigné par d, on voit que la pente AB $= \dfrac{\beta - \alpha}{d}$, ou en général que la pente d'une droite est égale à la différence entre les cotes de deux de ses points divisée par la distance de leurs projections.

6. On entend par *diviser une droite en échelle de pente*, partager sa projection en segments égaux tels que la différence des cotes d'un point de division au suivant soit constante et égale à une quantité donnée quelconque.

Pour diviser une droite en échelle de pente, on cherche (problème 2) la projection d'un point de cette droite dont la cote surpasse d'une unité par exemple celle d'un point connu, on n'a plus ensuite qu'à porter la distance trouvée à partir de ce point connu autant de fois que l'on veut.

7. On nomme *ligne de plus grande pente* d'un plan une ligne tracée dans ce plan et ayant la pente la plus grande. Cette ligne est perpendiculaire sur la trace horizontale du plan et aussi sur les horizontales de ce plan. Soit en effet AB (*fig.* 175) perpendiculaire sur la trace horizontale d'un plan P ; menons une seconde droite AC dans ce plan. Par définition la pente de AB est $\dfrac{Aa}{Ba}$ et celle de AC est $\dfrac{Aa}{Ca}$. Or Ca oblique sur la trace MN du plan P est plus grande que la perpendiculaire Ba, donc la pente de AB est plus grande que celle de AC, c. q. f. d.

On peut remarquer que $tg\,ABa$ étant plus grande que $tg\,ACa$, l'angle ABa est plus grand que ACa ; la ligne de plus grande pente d'un plan fait donc avec sa projection horizontale un angle plus grand que celui formé par toute autre droite du plan avec sa projection horizontale.

8. Un plan se détermine sur un plan coté par sa ligne de plus grande pente, car dès que celle-ci est connue, on connaît en même temps une horizontale quelconque du plan. On représente un plan par deux lignes de plus grande pente très-rapprochées l'une de l'autre pour distinguer le plan d'une ligne. On gradue cette double ligne en échelle de pente et l'on a ainsi ce qu'on nomme l'échelle de pente du plan.

9. Problème 5. *Étant donnés trois points a, b, c, d'un plan et leurs cotes* α, β, γ, *construire l'échelle de pente de ce plan.*

Joignons ab et cherchons la projection d'un point de cette droite ayant pour cote γ. Soit d ce point ; joignons dc, cette droite est une horizontale du plan passant par les 3 points. On aura donc sa ligne de plus grande pente en abaissant du point a par exemple une perpendiculaire sur cd. Il restera à graduer am en échelle de pente.

10. On peut résoudre en employant la méthode des plans cotés
les différents problèmes dont nous nous sommes occupés en géométrie descriptive : trouver l'intersection de deux plans, l'intersection d'une droite et d'un plan, etc.

FIN

TABLE DES MATIÈRES

FIN DE LA TABLE DES MATIÈRES.

Paris. — Imprimerie de CUSSET et Cⁱᵉ, rue Racine, 26.